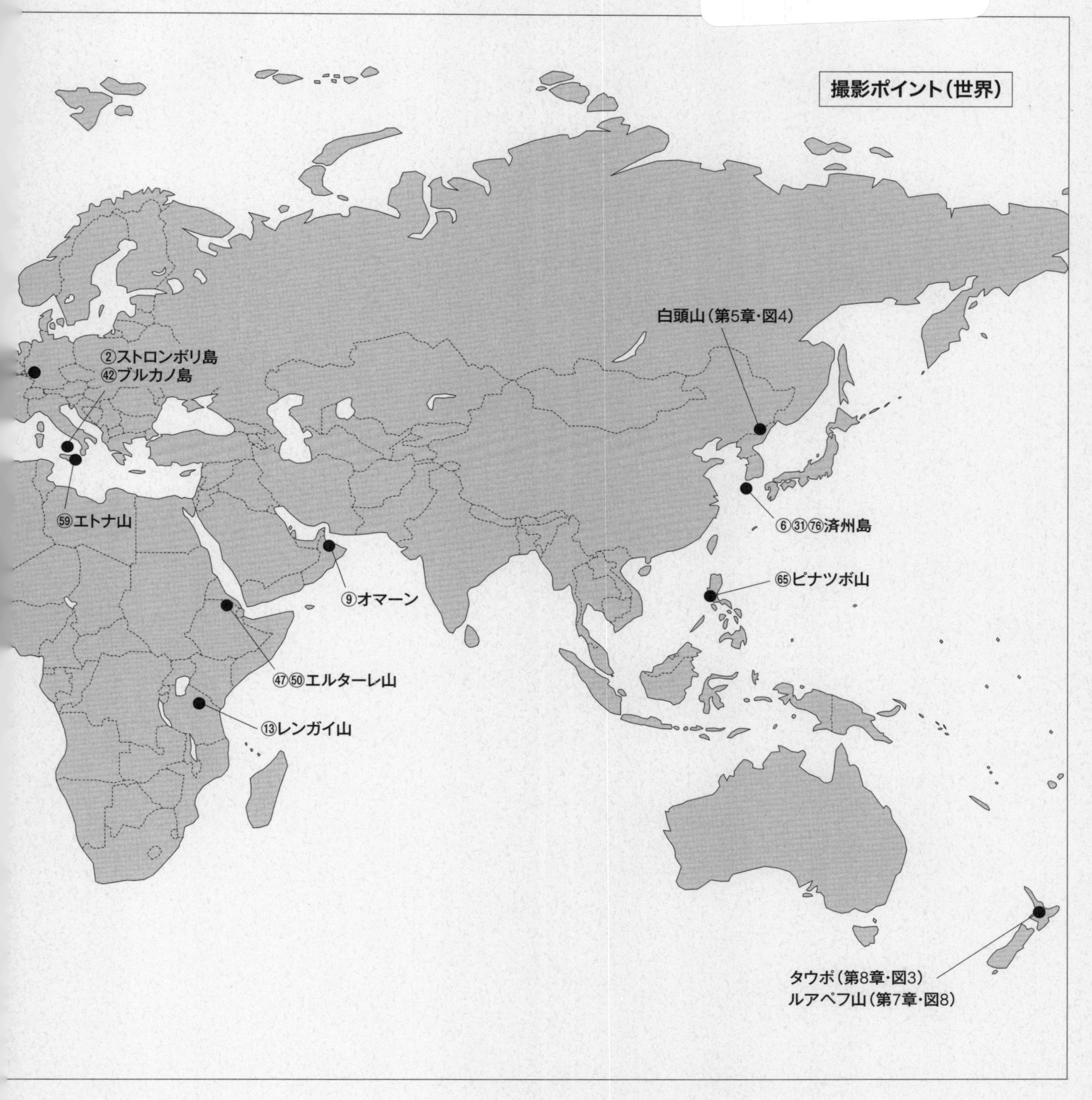

撮影ポイント（世界）
白頭山（第5章・図4）
②ストロンボリ島
㊷ブルカノ島
(59)エトナ山
⑥㉛(76)済州島
(65)ピナツボ山
⑨オマーン
㊼㊿エルターレ山
⑬レンガイ山
タウポ（第8章・図3）
ルアペフ山（第7章・図8）

火山全景

写真でめぐる世界の火山地形と噴出物

白尾元理［写真］　下司信夫［解説］

誠文堂新光社

はじめに

私がすっかり火山のとりこになったのは1986年の伊豆大島噴火だ。噴火が始まった翌日に大島へ着き、伊豆大島総合観測班の一員として活動した。日ごとに溶岩に埋められていく三原山火口、そこから高く噴き上がる溶岩のしぶき。カサカサと乾いた音をたてながら少しずつ前進する溶岩と、じっと立っていられないほどの強い輻射熱（ふくしゃ）。足元を突き上げる地震動、窓ガラスをビリビリさせる空震。大学で火山を学んではいたが、噴火とはこういうものかとはじめて実感した。

それからは火山写真家として活動し、日本や世界の多くの火山を訪れ、『空からみる日本の火山』（1989）、『空からみる世界の火山』（1995、いずれも共編著）、『写真でみる火山の自然史』（1998、共著）の3冊にまとめた。それ以降も、毎年数カ所ずつ火山を訪れた。噴火している火山はわくわくするが、噴火していない火山でも残された地形や噴出物はときとして驚くほど美しく、それを手掛かりに火山の過去に遡れるのは面白かった。しかし、当時は誰も手を付けていなかった地質写真の撮影に力を注ぐことになり、しばらく火山写真からは離れることになった。これは『グラフィック 日本列島の20億年』（2001）、『地球全史』（2012）の2冊にまとめて一段落とした。

さて、ここ10年ほどは火山の本の出版ブームとも呼べる状況が続いている。多数のカラー写真で火山を解説した本、歩いて火山を見るためのガイドブック、富士山など特定の火山について解説した本、巨大噴火を取り上げた本、火山防災に重点を置いた本など、それぞれに特徴がある。しかし私がそれらの本に物足りなさを感じたのは、雄大な火山の細部までのぞき見るには写真が小さいことや、火山の産物である溶岩、火山灰、火砕流などの噴出物の写真がほとんどないこと。それならばと思い立って作ったのが本書だ。

火山学者は、火山周辺の露頭（ろとう）（地層などが露出する崖）を、ときには火山から1000km以上も離れた露頭まで丹念に調べて過去の噴火を再現する。さまざまな痕跡を残す巨大噴火でさえ、何もわかっていない状態から火山学者が何百もの露頭を調べて明らかにしたものだ。本書では、そのような火山学者の謎解きを追認できるように、大きなサイズの露頭写真をふんだんに取り入れた。

私が火山の写真を撮り始めてから30年が過ぎた。日本国内の活発に噴火する火山でさえ、その噴火間隔は数十年以上もある。また、世界のどこかで火山が噴火してもすぐに行けるわけではない。火山の撮影は、がまん強く機会を待ち続けることだった。撮影旅行の形態もさまざまだ。火山研究者の仕事に同行することもあれば、逆に地域を私が決めて研究者に同行を依頼することもあった。火山学会などの巡検（見学旅行）、単独での撮影旅行。4WD車で数千kmも移動することもあれば、セスナをチャーターして5000mを超える高度から火山を狙うことも、また、船をチャーターして1日がかりで噴火する島をめざすこともあった。

露頭との出会いもさまざまだ。噴火直後のできたてホヤホヤの（実際に湯気が立っている）露頭もあれば、噴火してから何百年も経ち1日がかりでクリーニングしなければならない露頭もある。しかし、くたくたになってようやく鮮明にした露頭に向かってシャッターを切るときの満足感はなんともいえない。このようにして自分自身が表現したいと思う火山の写真を撮影するには、やはり30年は必要だった。

本書のすべての写真は私が撮影し、キャプションを加えた。解説は40代半ばの第一線で活躍する火山研究者、下司信夫さんが執筆した。ちょうど1年前、解説の書き手を探していたとき「一緒に本を作りましょう」と偶然、声をかけてくれたのが下司さんだった。第一線の研究者は論文を書くのに多忙だが、その合間を縫って、わかりやすい原稿を用意してくれた。

本書の楽しみ方はいくつかある。こんな火山の世界があったのかと写真だけを眺めるのも良し、添えられたキャプションも読んで写真に秘められた物語に触れるのも良し、解説までしっかり読んで火山学への理解を深めても良い。

それでは、素晴らしい火山の世界にようこそ！

白尾元理

目次

第1章

火山の世界

1980年の大噴火で崩壊したセントヘレンズ山頂部（アメリカ・オレゴン州）

① 富士山── 日本最大の火山 （山梨県／静岡県）

② ストロンボリ火山――地中海の灯台 （イタリア）

③ サンサルバドル島のパホイホイ溶岩　（エクアドル）

④ レベンタドール火山の塊状溶岩　（エクアドル）

⑤ 桜島──昭和火口からの噴火 （鹿児島県）

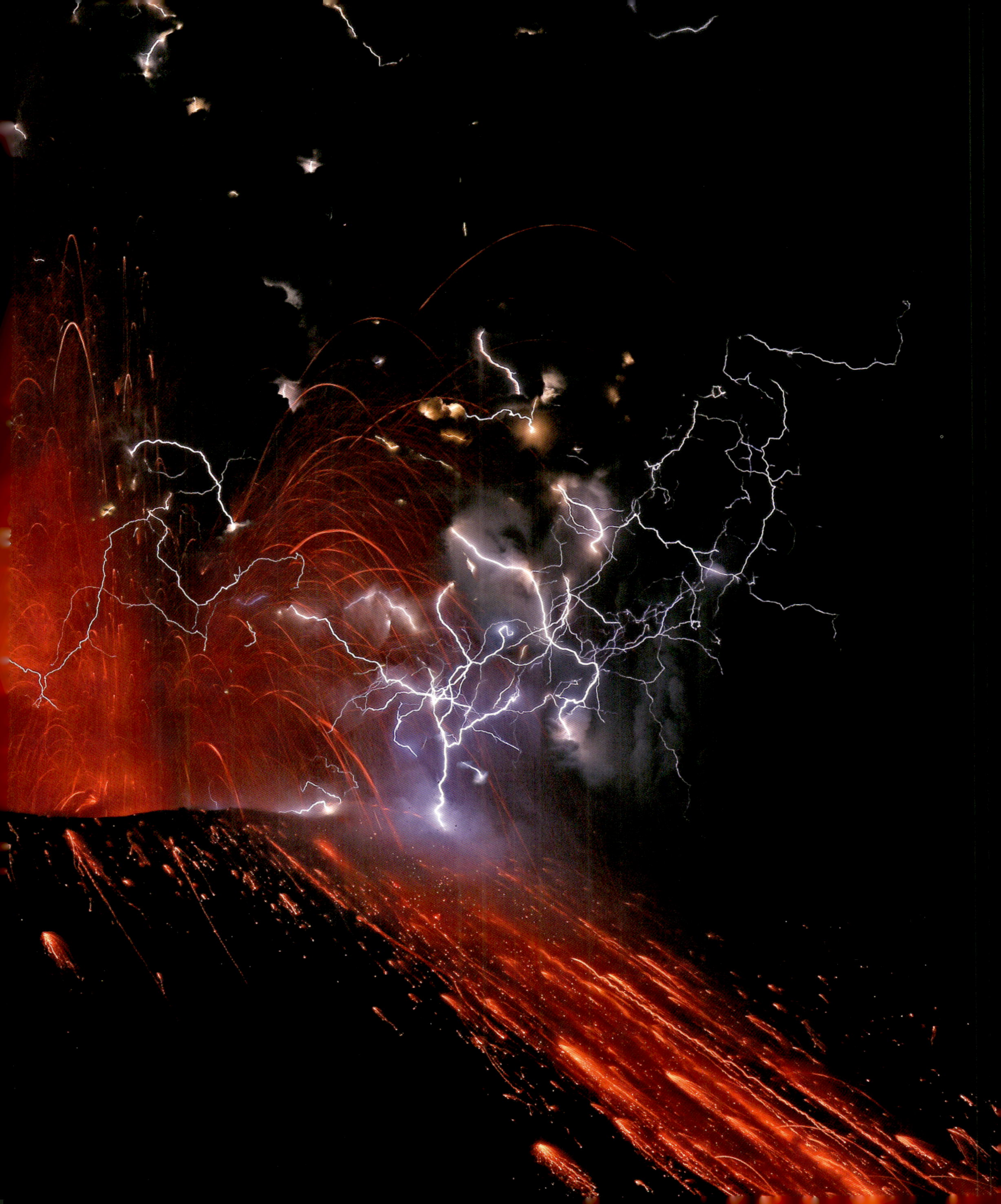

⑥ 済州島──マグマ水蒸気爆発の噴出物 (韓国)

⑦ アンデス高地にそびえる火山　(チリ)

⑧ パタゴニア──花崗岩の貫入（チリ）

⑨ 海洋地殻の枕(まくら)状溶岩(じょうようがん)　（オマーン）

⑩ 箱根火山——大涌谷の水蒸気爆発　(神奈川県)

第１章

火山の世界

① 富士山――日本最大の火山 （山梨県／静岡県）

北側の高度 5000m から撮影した日本最高峰の富士山。噴火でまき散らしたテフラ（火山灰）を含めると総体積は 1000km^3 にもなる日本最大の火山だ。中腹にある高まりは小御岳火山で、富士山はその南山腹の上に 10 万年前から成長を始めた。山腹から噴火することもあり、その跡が北西（写真右）山麓に多数のスコリア丘として残っている。1707 年の宝永噴火でできた宝永火口は南西（写真左）の斜面に見える。

② ストロンボリ火山――地中海の灯台 （イタリア）

シチリア島の北方に位置するエオリア諸島のひとつ、ストロンボリ島。直径 4km の円錐形のストロンボリ火山（924m）が島の大部分を占め、山頂火口はローマ時代から噴火を続けている。数分～数十分ごとに赤熱した溶岩のしぶきを噴き上げ、このような噴火はストロンボリ式噴火と呼ばれている。船から眺めると灯台の点滅を見ているようで、古くから「地中海の灯台」の愛称がある。

③ サンサルバドル島のパホイホイ溶岩 （エクアドル）

ガラパゴス諸島は、玄武岩質の火山でできた 19 の島々からなる。玄武岩溶岩はアア溶岩とパホイホイ溶岩に分けられるが、写真は滑らかな表面をもつパホイホイ溶岩。溶岩が一気に流れると表面のみが固まり内部は抜けてしまうので、陥没して平板（スラブ）状になる。ゆっくり流れると、まだ軟らかい表面が内部の溶岩の動きに引きずられて、このような縄状のパホイホイ溶岩となる。

④ レベンタドール火山の塊状溶岩 （エクアドル）

レベンタドール火山（3562m）は、赤道直下のアマゾン川源流にある成層火山。2002 年には高さ 17km に達する噴煙柱を上げる大噴火が起こり、現在も安山岩溶岩の流出が続いている。写真は 2006 年１月、標高 2300m 付近から撮影した。灰色の平滑な面と赤褐色のごつごつした面からなる溶岩のブロックが表面を覆う。手前の溶岩は停止しているが、後方の溶岩は毎日数 m の速度で前進している。

⑤ 桜島――昭和火口からの噴火 （鹿児島県）

桜島は日本を代表する活火山で、2017 年現在は昭和火口が活発に活動している。昭和火口から 7km 離れた対岸の垂水の高台で待つこと６時間、ようやく噴火が始まる。まず赤黒い岩塊が放物線を描いて山腹に落下する。やがて噴煙によって鹿児島市の街明かりが遮られる。稲妻が光り、噴煙を照らし出す。そして噴火は終わる。この写真はその１分 30 秒の光の蓄積だ。2015 年５月撮影。

⑥ 済州島――マグマ水蒸気爆発の噴出物 （韓国）

韓国南端にある火山島、済州島の中央には韓国の最高峰・漢拏（はんら）山（1950m）がそびえ、それを取り巻くようにスコリア丘、タフリング、ドームなど約 370 個の側火山がある。写真は、西海岸にある水月峰の高さ 20m の噴出物を下から見上げたもの。水月峰は 1800 年前の噴火でできたタフリングで、海岸沿いの小道にはその噴出物が 4km にわたって露出している。弾道軌道で降下した岩塊、爆風によって運ばれたベースサージ堆積物、ゆっくりと降り積もった火山灰など、さまざまな堆積様式の噴出物を見ることができる。

⑦ アンデス高地にそびえる火山 （チリ）

ボリビア、チリ、アルゼンチンの国境付近に 6000m 級の高い火山が多いのは、ボリビアでは「アルチプラノ」、チリでは「プナ」と呼ばれる標高約 4000m の平坦な高原によって「底上げ」されているからで、火山としての実質的な高さは 2000m に満たない。数百 m ぶんを底上げしているのは、手前の崖に見えている火砕流堆積物。右側で噴煙を上げているのは 1993 年に大噴火したラスカル火山（5592m：写真⑪）。この地域は降水量が極端に少なく植生も乏しいため、火山地形が長期間保存されている。

⑧ パタゴニア――花崗岩の貫入 （チリ）

南米大陸の最南端に近い、南部パタゴニアを代表する国立公園がトーレス・デル・パイネ。白亜紀の砂泥互層に 1250 万年前、花崗岩が貫入してできた山々からなる。この国立公園を特徴づける名峰が、左上に山頂が見え隠れするクエルノ・デル・パイネ峰（2700m。手前の湖面は海抜 30m）。南緯 51 度に位置するために植生が乏しく、さらに氷河で削られているので、上下の黒々とした砂泥互層とそれに挟まれる厚さ 1300m の花崗岩のコントラストが印象的だ。

⑨ 海洋地殻の枕状溶岩 （オマーン）

オマーンは１億年前に形成された海洋地殻が陸上に乗り上げた場所で、海嶺の構造を調べるのに都合が良い。写真は海洋地殻の最上部に相当し、枕状溶岩が積み重なる。陸上では溶岩と周囲の空気との密度に大きな差があるが、海底では溶岩と周囲の海水との密度差は小さい。このため溶岩はつぶれずに枕のような形になるので枕状溶岩と呼ばれる。枕状溶岩の外側は海水によって急速に冷やされて固まるが、内部は前進を続けて長いチューブ状になる。そのような溶岩が次々と重なって新たな海底が誕生する。

⑩ 箱根火山――大涌谷の水蒸気爆発 （神奈川県）

大涌谷は箱根の中央火口丘の一つ、冠ヶ岳北側斜面にある崩壊地形。噴気活動が盛んなことから観光客に人気があり、温泉の源泉にもなっている。2015 年４月下旬から地震が頻発、５月に入ると盛んに白煙を上げるようになり、６月 29 日に降灰をともなうごく小規模の水蒸気爆発が発生、直径 20m の火口ができた。撮影した 12 月には依然として大量の白煙を上げていた。

第2章
溶岩

エルターレ火山の溶岩湖　2016年1月（エチオピア）

⑪ プウオオ火口のパホイホイ溶岩 （アメリカ・ハワイ州）

1983 年にキラウエア火山（1222m）の山腹、プウオオ火口から始まった噴火は、現在まで 30 年以上も続いている。パホイホイ溶岩は毎分数十 cm でゆっくり進み、冷えて表面が黒くなり停止する。しばらくすると新しい割れ目ができ、赤熱した溶岩があふれ出す。これを繰り返す。玄武岩溶岩は粘り気が少ないと思いがちだが、固まる直前は赤熱した溶岩の上に小石を載せても沈まず、少しへこむだけで固まってしまう。2000 年 5 月撮影。

⑫ マウナロア火山とアア溶岩（アメリカ・ハワイ州）

ハワイ島にはマウナケア火山（4205m）、マウナロア火山（4169m。遠景）の２つの巨大な楯状火山がある。その間を通るサドル・ロード沿いのアア溶岩は、マウナロア火山から流れ出たもの。表面はとげとげした塊（クリンカー）に覆われているが、内部は連続した緻密な溶岩からなる。

⑬ レンガイ火山のカーボナタイト溶岩　（タンザニア）

マサイ族が「聖なる山」と呼ぶレンガイ火山（2878m）は富士山によく似た成層火山。世界で唯一、カーボタナイトと呼ばれる特殊な溶岩を噴出する火山として知られている。ケイ酸塩の溶岩は800℃以上もあるので赤く見えるが、カーボナタイト溶岩は約500℃と低温なので日中は黒く見える。粘り気が低いため、溶岩の厚さは10cm程度。流れている溶岩の末端（左）は、毎分数十cmでゆっくりと前進する。溶路の中間（右）では固まった溝の中を溶岩が流れる。1997年10月撮影。

⑭ 樽前山の溶岩ドーム （北海道）

支笏湖の南にある樽前山（1041m）は1時間で登れる火山として人気がある。山頂にあるのがこの溶岩ドーム。爆発的だった1909年の噴火の最後に、直径180mの深い火口を塞ぐようにできた。当時は雲や雨で山頂は見えず、形成の様子は観察できなかった。ドームは安山岩質で直径450m、高さ135m。周囲の歩道から間近に見ることができる。

⑮ 有珠山の潜在溶岩ドーム （北海道）

有珠山の1977年噴火は8月7日、高度12kmに達するプリニー式の噴煙柱で始まった。小有珠（写真左端）と大有珠（写真中央右）の間にできた断層の北東側が、かつて火口原を埋めていたテフラ層を載せたまま3年間で180m隆起し、有珠新山と呼ばれるようになった。隆起の原因となったデイサイトマグマは地表には顔を出さなかったので、潜在溶岩ドームと呼ばれる。手前は、降灰によって葉が落とされた木々。1981年8月撮影。

⑯ 霧島山の新燃岳（しんもえだけ）（鹿児島県／宮崎県）

霧島山は約 20 の小型火山の集合体で、御鉢についで歴史時代の噴火記録が多いのが新燃岳。2011 年 1 月 26 日、火口上空 7km まで噴煙を上げる 300 年ぶりの本格的な噴火が起きた。噴煙が少なくなった 2 月 1 日の空撮では、かつて小さな池があった直径 700 m の火口（第 5 章・扉写真）は溶岩で埋められていた。左奥に高千穂峰、その右に火山灰に覆われた御鉢火口が見える。

⑰ ガラパゴスの楯状(たてじょう)火山（エクアドル）

独自に進化を遂げた生物で有名なガラパゴス諸島は、火山にも特色がある。奥に見えるのはフェルナンディナ火山。「ガラパゴス型楯状火山」の代表例だ。楯状火山とは、西洋の騎士がもつ楯を伏せたような平べったい火山で、山頂にカルデラがある。粘り気の少ない溶岩が遠くまで流れてこのような形になった。ハワイ島のマウナロアのような巨大な「ハワイ型楯状火山」よりも、ひと回り小さい。

⑱ 雲仙岳（うんぜんだけ）の平成新山 （長崎県）

新しい山ができると「○○新山」と名づけられる。明治新山と昭和新山は北海道の有珠山麓にあるが、平成新山（1483m）は雲仙岳にある。雲仙岳は2万数千年前に直径1.5kmの火口をもつ妙見岳ができた。妙見岳火口の南東壁は崩壊し、そこに重なるように1万数千年前、普賢岳溶岩ドームが成長した。その東側に、1991～95年に成長したのが平成新山。隣接する普賢岳よりも100m高い、雲仙岳の最高峰となった。左上は1792年に崩壊した眉山とその流れ山、九十九（つくも）島。

⑲ 平成新山のクローズアップ （長崎県）

許可を得て平成新山に登ったのは 2005 年の晩秋。10cm から数 m サイズの岩塊にびっしりと覆われていた（右端に人物）。平成新山の塊状溶岩は、レベンタドール火山（写真④）の塊状溶岩とは違って、すべて平滑な面から構成される。誕生したばかりの新山は岩塊が不安定で、一歩一歩、足元を確認しながら登った。

⑳ ビッグ・オブシディアン溶岩（アメリカ・オレゴン州）

ニューベリー火山は400個以上の火砕丘をもつ大型楯状火山（面積1600km^2）で、山頂部には50万年前にできたカルデラ（6×8km）がある。カルデラの南縁から1300年前に噴出したのが、このビッグ・オブシディアン（大黒曜石）溶岩。長さ2.6km、厚さ約50mで、手前の駐車場の車がスケールになる。

㉑ 黒曜石（こくようせき）── ビッグ・オブシディアン溶岩
（アメリカ・オレゴン州）

黒曜石はデイサイト～流紋岩のガラス質（非結晶質）火山岩で、破断面が鋭いことから石器時代にはナイフとして使われた。日本では長野県和田峠、北海道十勝などの黒曜石が有名だが、いずれも溶岩の一部にすぎない。ビッグ・オブシディアン溶岩は、その名の通り大部分が黒色光沢の黒曜石からできている。溶岩の厚さを実感するには、写真⑳にも写っている溶岩上の小道をたどるのがよい。上は黒曜石から軽石への移行部分。

解説

第2章

溶岩

マグマが地表に流れ出たものを溶岩と呼ぶ。まだ高温の溶融状態で流れているものも、それが冷えて固まり岩石となったものも、どちらも「溶岩」と呼んでいる。溶融状態の溶岩はその名の通り溶けた岩で、比較的温度が低い流紋岩の溶岩でも700～800℃程度、地球上で通常見られる溶岩のなかでは最も高温である玄武岩溶岩では1200℃にもなり、日中でも赤く光り輝いて見える。

溶岩の流れやすさ

溶融状態の溶岩は、粘り気の強い水あめのような液体だ。溶岩の粘性、つまりどれくらい粘り気があるかで溶岩の流れやすさや溶岩流の形や構造が決まる。粘り気の弱い、すなわち粘性の低い液体はとろとろと流れやすいため薄く広がる。粘性の高い液体はねっとりとしていて流れにくいため広がりにくく、厚い流れになる。

溶岩の粘性は、溶岩を作る成分や温度によって大きく変わる。溶岩は温度が高いほど粘性は下がり流れやすくなり、反対に温度が低くなると次第に粘性が大きくなり流れにくい液体となる。さらに温度が低くなりすぎると粘性がきわめて大きくなるため、もはや流れることはできない。

また溶岩の成分によってもその粘性は大きく異なる。地球上で見られる普通の溶岩は、主にケイ素の酸化物であるケイ酸からできていて、それにアルミニウムや鉄、カルシウムやマグネシウムといった元素が副成分として含まれている。溶岩に含まれるケイ素が比較的少なく、鉄やマグネシウムなどの元素が多く含まれる溶岩、たとえば玄武岩の溶岩は粘性が低く流れやすい。逆に、ケイ酸成分が多いデイサイトや流紋岩といった溶岩は温度が低いので粘性が高く、とても流れにくい溶岩となる。

温度が高くケイ酸成分に乏しい玄武岩の溶岩は流れやすいといっても、最も粘性の低い溶岩でも水に比べるとその粘り気は桁違いに強い。1200℃の玄武岩溶岩でも市販のハンドクリームぐらいの粘り気はある。デイサイトや流紋岩の溶岩は、ほとんど固体のようだ。

溶岩の形

このような溶岩の粘性の違いは、溶岩の形にも大きく影響している。粘性の小さい玄武岩の溶岩は薄く広がる。ハワイの玄武岩溶岩の写真⑪を見てみると、一つ一つの流れの厚さはせいぜい数十cm以下であることがわかるだろう。⑬の写真は、カーボナタイト溶岩という、地球上ではきわめて珍しい炭酸塩の溶岩で、たいへん粘性の低い溶岩として知られている。この溶岩の厚さもやはり10cm程度だ。

玄武岩のような粘性の低い溶岩が繰り返し流れ下ると、全体としてなだらかな火山体が作られる。ガラパゴス諸島のフェルナンディナ火山⑰は、このような玄武岩溶岩の積み重なりでできたなだらかな火山で、その形が西洋の楯を伏せたような形をしていることから「楯状火山」と呼ばれる。

それに比べて、デイサイトや流紋岩といった粘性がきわめて高い溶岩は玄武岩に比べて厚い溶岩流となる。レベンタドール火山の安山岩溶岩（写真④）や、流紋岩で

図1　九重山の厚い溶岩流。手前に広がる舌状の高まりは、一つ一つが厚さ100mもの安山岩溶岩でできている。

できているビッグ・オブシディアン溶岩（写真⑳）の厚さは数十mを超えている。粘り気の強い溶岩を押し流すには大きな圧力が必要なので、このような厚い溶岩になる。

粘性の高い溶岩がゆっくりと火口から押し出されるとほとんど流れることなく火口の周りに盛り上がった溶岩ドームを作ることもある。写真⑭は北海道の樽前山の山頂にある、1909年の噴火の最後に火口の上に盛り上がった安山岩の溶岩ドームだ。1990年に始まった雲仙普賢岳の噴火では、デイサイトの溶岩がほとんど流れることなく火口の周りに盛り上がり、写真⑱のようなごつごつとした平成新山溶岩ドームを形成した。

こうした粘性の高い溶岩はときには地表まで上昇せず、地下の浅いところで軟らかい地層の中に広がりその上の地面ごと隆起させてドーム状の地形を作ることがある。このような地形を潜在溶岩ドームという。有珠山の昭和新山や、1977年から78年にかけて作られた有珠新山（写真⑮）は、地下の浅いところに粘性がきわめて高い溶岩が盛り上がってできた潜在溶岩ドームだ。

溶岩の冷却

高温の溶岩が地表に流れ出すと、溶岩表面からの猛烈な熱放射や周りの空気の対流によって熱が奪われて、溶岩は次第に表面から固まり始める。また、冷たい地面と接する溶岩の底も早く冷え固まる。

このとき溶岩のごく表面付近だけは急激に冷やされるが、溶岩の内部はなかなか冷えることができない。なぜなら、冷えて固まった溶岩の中の熱を表面付近まで運び出すのは、熱伝導というゆっくりとしか熱が伝わらないしくみだからだ。いわば、冷えて固まった表面の殻が断熱材のような役割をして溶岩の内部が冷えるのを防いでいるのだ。地表に流れ広がった溶岩の表面はどんどん冷却して固くなってゆくのに、溶岩の内部では高温で溶けた状態が長い時間、保たれている。

溶岩堤防と溶岩チューブ

ひとたび溶岩の表面が断熱性の殻で覆われてしまうとその中身の溶岩はなかなか冷えることができず、溶融状態を保ったまま遠くまで流れることができる。

溶岩流は周辺から冷却してゆくので、溶岩流の両側ほど早く冷え固まり、中央部分は遅くまで流れ続ける。流量が減って溶岩の「水位」が下がると、固まった両側の壁際の部分が取り残されて、流れに沿った高まりとなる。このようにしてできた溶岩流の両脇に続く高まりを溶岩堤防と呼ぶ（図2）。溶岩堤防は溶岩流の中央部分がより下流に流れ去ったためにできる構造なので、溶岩の末端部分には見られない。

図2　溶岩堤防がよく発達したアメリカ・シャスタ火山の溶岩。溶岩流の両脇に沿った高まりが溶岩堤防。堤防に挟まれた溶岩の内部が流れ下り、山麓に広がっている様子がわかる。溶岩の厚さは約50m。

粘性の低い溶岩では、溶岩流の側面や上面が冷え固まっても内部は保温された状態で流れ続ける場合がある。流れの周囲がすべて固結した殻で覆われると非常に保温性が高くなり、内部の溶岩はほとんど冷えることなく溶岩流の中を流れ続けられる。こうして作られた通路を「溶岩チューブ」という。溶岩チューブは、玄武岩の溶岩でよく見られる構造だ。溶岩チューブが作られると、玄武岩溶岩はときとして数十kmも流れ広がることができる。

ときには、溶岩チューブの中を満たしていた溶岩がすべて流れ出してしまい、通路が空洞として残されることがある。このようにしてできる洞窟を溶岩トンネルという。溶岩トンネルもまた玄武岩の溶岩によく見られ、溶岩流の内部で何kmも続いているものも知られている。写真⑯の韓国済州島の溶岩トンネルを見ると、トンネルの床に流れ下った溶岩の表面構造がよく残されている。

表面構造

溶岩表面に見られるさまざまな構造は、表面が冷えて固まりながら溶岩の中身が流れ続けることによって生み出される。溶岩の内部は冷えながらもどんどん流れ続けるが、早く冷え固まってしまう溶岩の表面は内部の流動についていくことができない。そのため、溶岩が流れるにしたがって溶岩の表面で冷えて固まった殻は内部の流動に引きずられて変形する。その変形の仕方によって写真③、④、⑫のような、さまざまな溶岩流の表面の構造が作られる。陸上の溶岩はその表面構造の特徴から、パホイホイ溶岩、アア溶岩、塊状（かいじょう）溶岩などに区分される（図5）。

図４　玄武岩のアア溶岩の先端部分。伊豆大島 1986 年噴火の溶岩流。表面は冷え固まったクリンカーで覆われているために黒々としているが、溶岩の前面では内部の溶融した部分が赤く輝いている。

パホイホイ溶岩

玄武岩溶岩によく見られるパホイホイ溶岩は、溶融した溶岩が流れたまま固まったスムーズな表面が目立つ溶岩流だ。玄武岩の溶岩は粘性が弱く、簡単に流動できる。そのため内部が流動しても表面の殻がほとんど壊されず、溶岩が流れたまま固まった形状が保存されてパホイホイ溶岩が作られる。

パホイホイ溶岩が流れる様子を見てみると、冷えて固まった表面の殻が押し広げられ、その中から赤熱した高温の部分が次々と現れることによって溶岩が広がってゆくのがわかる。ハワイのパホイホイ溶岩が流れている様子（写真⑪）をよく見てみると、赤く輝いているのは枝分かれしながら流れている溶岩の周りの部分だけで、溶岩の上面は黒く冷え固まっている。赤く輝いている部分が高温の溶岩が冷えて固まった殻を押し破って顔を出しているところ、つまり溶岩が流れ広がっている先端だ。

図３　ハワイ・フアラライ火山のパホイホイ溶岩の断面。一つ一つのパホイホイ溶岩流はごく薄く、せいぜい 30cm 程度だ。溶岩の上面と下面は空気に触れて酸化したため赤色を帯びている。溶岩流内部に並んでいる大きな気泡は、閉じ込められた火山ガスの泡だ。

ときには、冷え固まり始めた溶岩表面の薄皮がまだ軟らかいうちに溶岩内部の流れに引きずられ、よじれた縄のようなしわ模様を作ることがある。このような溶岩を縄状溶岩とも呼ぶ。写真③のパホイホイ溶岩は全体が縄状溶岩と呼べるような見事なしわ模様で覆われている。

溶岩流の先端部分が十分に冷え固まってしまい、内部の溶融状態の溶岩がその先端を押し破れないこともある。そうすると、後ろから続々と流れ込んでくる溶岩の圧力によって冷え固まった溶岩表面の殻が押し上げられ、溶岩流全体が膨れ上がる。こうして、パホイホイ溶岩はしばしば初めの何倍もの厚さに膨張する。押し上げられた表面の殻は波打ち、ときにはその割れ目から新たな溶岩流が流れ出す。

アア溶岩

冷え固まった厚い溶岩表面の殻が溶岩内部の流れに引きずられ変形すると、パホイホイ溶岩のように軟らかく変形できない。すると固まった殻が溶岩内部の流動によって次々と破壊さればらばらになり、しまいにはその破片が溶岩の表面を埋めつくしてしまう。溶岩の内部はまだ溶けているので、こうして作られたごつごつとした破片をその表面に載せたまま流れてゆく（図４）。

火山ガスの泡がたくさん含まれた溶岩の表面が流動によって破壊されると、クリンカーと呼ばれるスポンジのようなガサガサした塊となる。そのようなクリンカーで覆われた溶岩をアア溶岩と呼ぶ。写真⑫は、ハワイのマウナロア山のアア溶岩だ。アア溶岩は、玄武岩や比較的粘性の低い安山岩の溶岩によく見られる。

面白いことに、同じ玄武岩の溶岩があるところではパホイホイ溶岩になり、あるところからはアア溶岩に移り変わることがよくある。アア溶岩とパホイホイ溶岩の違いは、溶岩の温度や含まれる結晶、気泡の量、溶岩の流れる速度などの違いでできていると考えられている。また、パホイホイ溶岩とアア溶岩の中間のような表面形状を持つ溶岩流もしばしば観察される。写真⑪のパホイホイ溶岩も、写真⑫のアア溶岩も、どちらもハワイ島の玄武岩溶岩で、その化学組成はほとんど同じ。アアもパホイホイも、ハワイ先住民が表面の様子の違いから溶岩を呼び分けていた言葉が火山学に取り入れられたものだ。滑らかな表面をもつパホイホイ溶岩の上は楽に歩けるが、ごつごつしたアア溶岩の上の歩行は難渋をきわめる。ハワイ先住民にとっては、そうした溶岩の特徴を区別するのが重要だったので、アアやパホイホイと呼び分けた。

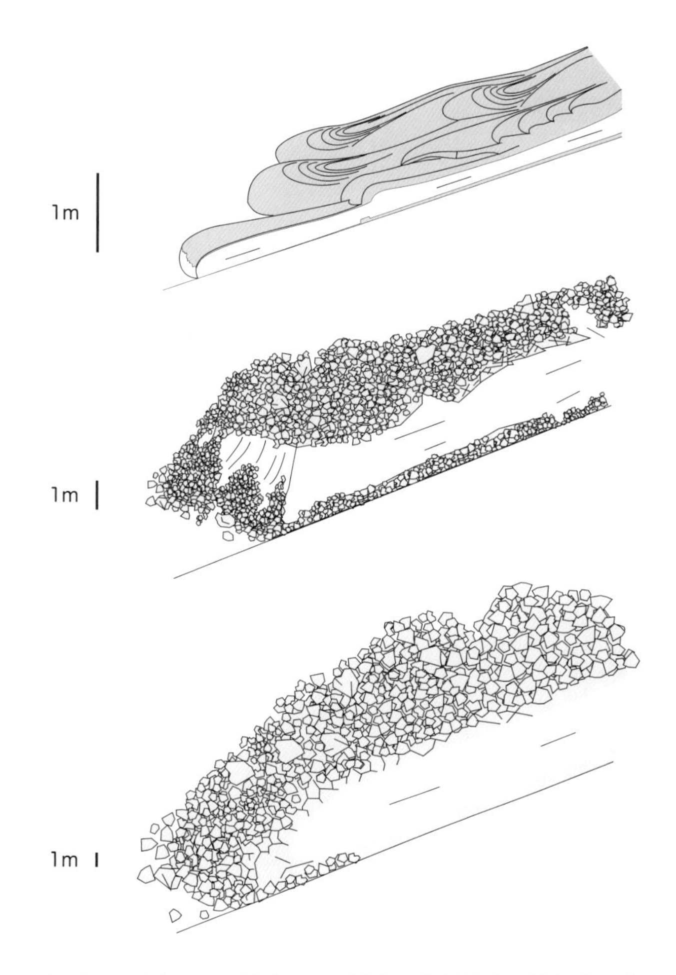

図5　パホイホイ溶岩、アア溶岩、塊状溶岩の流れ方の違い。（上）パホイホイ溶岩は、固まった表面の殻がほとんど壊されることなく、まだ溶けている溶岩流の中身が流れの先端から次々に現れることで前進する。（中）アア溶岩は、表面が冷却してできた殻が溶岩流の内部の流動によってばらばらに壊され、クリンカーと呼ばれる破片となってその表面を覆っている。クリンカーは内部の流動により溶岩流の先端に向かって運ばれ、溶岩流の先端で崩れ落ちる。パホイホイ溶岩と同様に、まだ溶けている溶岩流の中身が流れの先端から次々に現れる。（下）塊状溶岩は、あまり発泡していない溶岩の表皮が内部の流動によって破壊されてできたブロックが、その表面を覆いつくしている。

塊状溶岩

あまり気泡を含まない溶岩の表面が内部の流動によって破壊されると、鋭い割れ目が目立つ角張った塊となる。雲仙の平成新山を作るデイサイト溶岩の表面は、写真⑲のようにごつごつとした溶岩の破片で覆いつくされている。このようなブロックで覆われた溶岩を塊状溶岩と呼ぶ。塊状溶岩は、安山岩やデイサイト、流紋岩の溶岩によく見られる構造だ。アア溶岩の場合と同じように、ブロックで覆われているのはその表面近くだけで、溶岩流の内部には流動していた緻密な部分が隠されている。

表面がブロックで覆われた溶岩は一見すると、とてもこれが液体として流れ下ったものとは思えないが、写真⑳のように上空から全体の形を見てみると、まるで粘性の低い縄状溶岩のような形をしている。こうした溶岩の全体像を見てみると、ブロック溶岩もまた粘性の高い液体として流れ広がりながら固まったことがよくわかる。霧島新燃岳（しんもえだけ）2011年噴火のときに火口の中に流れて広がった溶岩（写真⑯）もその表面はごつごつとしたブロックに覆われた塊状溶岩だが、その全体の形を遠くから見てみると中心に隠れた火口から湧き出した液体の溶岩が、丸い火口の中を平らに満たしながら広がったものだということがわかるだろう。このように溶岩流は地形に沿ってその形を変える。

溢流型噴火

溶岩とは、溶融状態の岩石が流動してできる構造のことだ。では、そのような溶岩が流れ出す噴火とはどのようなものだろうか。

溶岩を噴出する噴火の一つは、マグマが火口から直接あふれ出す「溢流型噴火（いつりゅう）」と呼ばれる比較的穏やかなものである。地表に噴出する前にマグマに含まれていた火山ガスの泡がほとんど抜け出してしまったときに発生する。

溢流型噴火は、マグマ中の気泡の破裂、つまり爆発性がほとんどないため、「非爆発的噴火」とも呼ばれる。マグマに含まれる火山ガスの泡がほとんど抜けてしまうと、マグマは地表に噴出しても爆発することなく溶岩として静かに火口からあふれ出す。こうした溢流型噴火では気泡の破裂がほとんど起こらないので、マグマの破片である火山弾や火山灰はほとんど作られず、噴出するマグマの大部分は溶岩流となる。

溢流型噴火は、溶岩の化学組成や粘性によらずあらゆる種類のマグマで見られる噴火のスタイルだ。第2章・扉写真のエルターレ火山のような火口の中に溶岩湖を作るような粘性の低い玄武岩マグマの溢流型噴火もあれば、写真⑱の雲仙の平成新山の噴火など、安山岩やデイサイトなどの粘性の高いマグマが火口からあふれ出し、盛り上がって溶岩ドームを作る噴火もまた典型的な溢流型噴火である。

火砕性溶岩

ところが、もっと激しい「爆発的噴火」によっても「溶岩」が作られることがわかってきた。マグマの中に火山ガスの泡がたくさん入ったままマグマが地表に噴出すると、地下深いところで高い圧力がかかっていた気泡が一斉に膨張して、最後には破裂する。マグマの中に大量に含まれている火山ガスの無数の泡が急激に膨張し破裂するとマグマ全体が粉々に砕かれ、火山ガスとともに噴き出す。これが爆発的噴火だ。写真②のストロンボリ火山や、写真⑤の桜島火山の写真のような「火山の爆発」は、こうしたマグマの中に含まれる火山ガスの泡の爆発だ。

このような爆発ではマグマは粉々に砕かれて飛び散る。飛び散ったマグマの破片は火山弾や火山灰となるため、マグマが一体となって流れる溶岩とはならない。しかし、まだ溶けている高温のマグマが爆発すると、マグマのしぶきとなって飛び散る。このようなしぶきが噴水のように吹き出す噴火を「溶岩噴泉」と呼ぶ。溶岩噴泉が起きると、溶融状態のマグマのしぶきが火口のすぐ近くに次々と着地して、写真㊿〜53のように癒着してしまう。そのような癒着した塊が一体となって流れ出すと一種の「溶岩」が作られる。そのような溶岩を、マグマの破片、すなわち火砕物からできた溶岩ということで「火砕性溶岩」と呼ぶ。

溶岩噴泉の中で高く飛び散ったマグマの破片は空中で冷え固まってしまうので、火山灰や火山弾として離れたところに着地する。こうした冷え固まったマグマの破片はもはや積み重なっても癒着することはない。溶岩噴泉の近くで、まだ溶けたまま着地したマグマのしぶきが癒着して火砕性溶岩が作られているときには、空中で固まってしまったマグマのしぶきが火山弾や火山灰となって少し離れたところに降り積もっている。火砕性溶岩には、溶けていたマグマの破片だけではなく、火口周辺にあった岩石の破片なども取り込まれていることがよくある。

図6 （上）エルターレ火山の火口からあふれ出す溢流型の玄武岩溶岩。気泡が抜けた溶岩は火口を満たした溶岩湖から静かにあふれ出す。（下）伊豆大島 1986 年噴火の初期に、三原山火口から噴き出した溶岩噴泉。溶融状態のまま次々と着地した火山弾は癒着し、火砕性溶岩となって流れ出す。

噴火のバリエーションとマグマの振る舞い

自然現象である噴火は両極端なものばかりではなく、火口から直接溶岩が溢流しながら、同じ火口から溶岩噴泉を立ち上げ、火砕物をまき散らす噴火が同時に起こることも珍しくない。また、溢流型噴火から火砕噴火へ、あるいはその逆に火砕噴火から溢流型噴火へと、時間とともに移り変わることも珍しくない。写真⑭の樽前山や⑯の新燃岳の噴火は、初めは激しい火砕噴火で始まり、噴火の最後に溢流型の溶岩の噴出に変わった例だ。このような噴火スタイルのバリエーションは、マグマが上昇してくる火道(かどう)の中での火山ガスの気泡の量や、その上昇速度が一様ではないことなどがその理由かもしれないと考えられている。しかし、実際の火道の中でのマグマの様子を地表から直接観察することはできないため、さまざまな噴火のバリエーションがなぜ生まれるのかについては、現在の火山学でもまだまだ未解明の研究課題だ。

巨大な溶岩

溶岩流はさまざまな火山で見られ、その大きさもさまざまだ。大量のマグマが一度に噴出し溶岩流となれば、巨大な溶岩流が形成される。

日本で見られる巨大な溶岩としては、たとえば富士山の北西山麓にある青木ヶ原溶岩があげられるだろう。864 ～ 866 年の貞観(じょうがん)噴火で噴出した溶岩流で、富士山から噴出した最大規模の溶岩の一つだ。青木ヶ原溶岩は、青木ヶ原樹海をはじめとする富士山北東山麓の 30km^2 以上の地域を覆っている。同じく富士山から約 8000 年前に噴出した猿橋溶岩は、火口から 30km 以上も遠くまで流れ下っている。富士山は日本の火山のなかでもきわめてマグマの噴出率が高い活発な火山なので、このような大規模な溶岩流を何度も噴出している。

中央海嶺の溶岩

しかし、地球上にはこれをはるかに上回る規模の溶岩が知られている。巨大な溶岩流を噴出するシステムの一つは中央海嶺(ちゅうおうかいれい)と呼ばれる、深海底に伸びる巨大な火山システムだ。中央海嶺は海洋プレートが生まれるプレート境界で、浅いところまで上昇したマントルが部分的に溶けることにより次々と玄武岩質マグマが作られる。マグマの大部分は地下で冷却・固結して海洋地殻を形作るが、

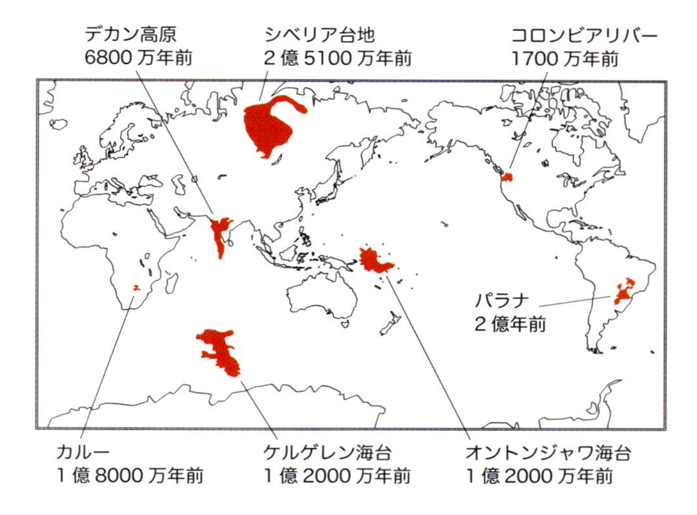

図 7　2 億 5000 万年より新しい、主な洪水玄武岩と巨大海台の分布とその形成年代。

マグマの一部は海底に噴出して溶岩流となり、海洋地殻の最表層部を覆う。

アイスランドはそうした中央海嶺が海上に顔を出している場所と考えられている。1783 年にアイスランド東部のラカギガルで起こった噴火では約 15km^3 の玄武岩マグマが噴出し、長さ 40km 以上の溶岩流となって流れ出した。この噴火では、溶岩の噴出にともなって多量の二酸化硫黄ガスやフッ化水素ガスが火山ガスとして噴出し、地球の大気に注入された。この大量の火山ガスの噴出は有毒な火山ガスそのものがもたらした農作物や畜産物への被害のみならず世界的な異常気象の引き金となり、アイスランドやヨーロッパの農産業に大打撃を与えたと記録されている。

洪水玄武岩

もう一つのシステムは洪水玄武岩と呼ばれるもので、地質時代を通して、ある場所に突発的に多量の玄武岩溶岩が噴出する現象だ。白亜紀に噴出したインドのデカン高原玄武岩や、中新世に噴出した最も新しい洪水玄武岩である北米のコロンビアリバー玄武岩などがよく知られている。洪水玄武岩は一度の噴火で噴出するのではなく、多量の溶岩流が地質時代の中では比較的短い期間に繰り返し噴出してできる。

また、海洋底にもより大きな玄武岩の活動があったことが知られている。西太平洋にあるオントンジャワ海台(かいだい)は 1 億 2 千万年前ごろに噴出した大量の玄武岩溶岩か

らなる巨大な海底の高まりで、その広がりは約200万km^2、噴出した溶岩の総量は1億km^3とされる。これは過去2億年に発生した地球上最大の火山活動で、噴出物が覆っている面積は地球の表面積の約1%にもおよぶ(図7)。

こうした地質時代を通して突発的に発生する大規模な玄武岩マグマの噴出は「巨大火成岩岩石区」と呼ばれる。英語ではLarge Igneous Provinces(LIPs)と呼ぶ。LIPsは、マントル深部から上昇してくるマントルプリュームが部分溶融することにより大量のマグマが比較的短時間に生産され、それが地表に噴出して作られると考えられている。大陸地殻上に噴出すると洪水玄武岩となり、海洋地殻上に噴出すると巨大海台が作られる。

洪水玄武岩や巨大海台の形成は、地表に流れ出す溶岩流だけでなく、膨大な量の火山ガスを大気に放出する。この大量の火山ガスの放出は、当時の地球環境に深刻な影響を与えた可能性がある。たとえば、シベリア台地玄武岩と呼ばれる、現在地表で見られる最大規模の洪水玄武岩を作る活動では、合計400万km^3もの玄武岩マグマが噴出した。その噴火年代はおよそ2億5100万年前で、火山活動は約200万年間にわたって続いたと考えられている。

このシベリア台地玄武岩の活動時期は、史上最大の大量絶滅が発生した古生代－中生代境界にほぼ一致していることから、古生代と中生代を分ける大量絶滅の原因の一つになったのではないかと考えられている。また、最大の海台であるオントンジャワ海台の活動時期も、白亜紀に起こった大量絶滅イベントの一つの年代にほぼ一致している。このように、地球内部の火成活動は表層の環境変化や生命の進化にも密接に関係している。

図８　(上)ブラジル・アルゼンチン国境のイグアスの滝を作る岩石は、中生代に噴出したパラナ洪水玄武岩の溶岩流だ。滝が落ちている崖に見える水平な地層は、洪水玄武岩を作る一つ一つの溶岩流。この洪水玄武岩を作ったマントルプリュームは、南米大陸とアフリカ大陸の分離を促したと考えられている。(下)アメリカ北西部のオレゴン州・ワシントン州とその周辺には、大陸上の洪水玄武岩としては最も新しいコロンビアリバー玄武岩が分布している。コロンビアリバー玄武岩の噴出は、現在も活動を続けるイエローストーンホットスポットの活動の始まりと考えられている。

第3章

マグマと水

有珠山　2000年4月18日のマグマ水蒸気爆発（北海道）

㉒ 西之島火山──海に流れ込む溶岩　（東京都）

西之島は東京の南、約 1000km にある火山島。2013 年 11 月、西之島の南東 500m の海底から噴火が始まり、海上に顔を出した火口から流れ出た溶岩によって島の面積は噴火前の 10 倍、2.9km^2（2017 年 6 月）になった。2014 年 6 月 3 日、父島から漁船をチャーターし、噴火が最盛期の西之島に接近した。東海岸では溶岩が海に向かって前進し、新しい大地が誕生していた。溶岩が海水に接触して沸騰させるため、立ち上がる白煙が凄まじい。

㉓ 伊豆大室山（おおむろやま）の溶岩 （静岡県）

1 回の噴火でできる火山は単成火山、複数回の噴火でできる火山は複成火山と呼ばれる。伊豆半島の伊東周辺には、最近 15 万年の噴火でできた単成火山が 60 個もある。最大のものは大室山で、4000 年前にできた。大室山では火口から噴き上げられた火山弾やスコリアが周辺に落下してスコリア丘ができ、溶岩がその裾野から流出している。海まで達した溶岩は海水によって冷やされ固結する。後続の溶岩は、その高まりを避けて別ルートから海に達する。このようにしてヤツデの葉のような特徴的な海岸線ができ、城ヶ崎海岸と呼ばれている。

㉔ ラカギガル噴火の偽クレーター　（アイスランド）

アイスランドには奇妙な地形が多い。その一つが偽クレーター。左上の人物と比べると、火口としてはあまりにも小さく、密集していることがわかる。この偽クレーターは、1783年のラカギガル割れ目噴火の溶岩上にある。割れ目火口から噴出した溶岩が湿地を覆うと、下敷きになった水分が沸騰して水蒸気爆発が起こり、溶岩を噴き飛ばしてクレーターができる。直下にマグマの給源がないので、偽クレーターと呼ばれる。表面は厚いコケに覆われている。

㉕ 鬼神野（きじの）溶岩渓谷の枕状溶岩　（宮崎県）

枕状溶岩は枕が積み重なったような形の溶岩で、水底で玄武岩溶岩が流動し、冷え固まるときにできる。上下が逆転している疑いのある地層では、枕の積み重なり方でその判定ができる。枕が垂れ下がっているほうが堆積時の下となるので、写真の枕状溶岩は逆転していない。この枕状溶岩は、4000万年ほど前に海洋プレートから分離して陸側のプレートに付加したもので、同時代のものは屋久島田代海岸にもある。

㉖ アイスランドの卓状火山 （アイスランド）

アイスランドの名峰といわれるヘルドブレイド山で、周囲の溶岩原から1100m もそびえている。北極圏が間近のアイスランドは、最終氷期（10万～１万年前）には厚さ 1000m の氷河で覆われていた。氷河の下で誕生した火山からの溶岩は、周囲の氷河を溶かしてできる氷底湖の中で枕状溶岩として積み重なり、やがて表面に出ると楯状火山として成長する。氷期が終わり、周囲の氷が溶けて出現したのが卓状火山だ。

㉗ カペリーニョ噴火の噴出物（ポルトガル）

アゾレス諸島はヨーロッパ大陸から1600km離れた北大西洋にある火山諸島で、9つの島からなる。15世紀に移民が始まって以来、約30の噴火が記録されている。最新の噴火は、ファイアル島西部で1957～58年に起こったカペリーニョ噴火。島の西側、水深400mで噴火が始まり、火道の位置はしだいに島のほうに移動した。水深が浅くなると、マグマと海水が激しく反応する爆発的な噴火となり、火山灰を堆積させた（下部）。上部は、火道に水が入らなかったストロンボリ式噴火で飛ばされたスコリアや火山弾。

〈タフリング〉
高さの割に直径の大きな火砕丘はタフリングと呼ばれ、固結した火山灰（タフ：凝灰岩）でできている。海岸や地下の浅いところに帯水層があるとマグマが水と接触してマグマ水蒸気爆発が起こり、細かな火山灰が大量に生産されてタフリングができる。スコリア丘と比べてタフリングの火口が大きく緩やかな斜面なのは、爆発力が大きく、遠くまで噴出物が飛ばされたためである。

㉘	㉚
㉙	

㉘ ホール・イン・ザ・グラウンド（アメリカ・オレゴン州）

火口の直径 1600m、深さ 150m。最終氷期の 1 万 5000 年前、この地域が浅い湖で覆われていたためにマグマ水蒸気爆発によってできた。

㉙ フォートロック （アメリカ・オレゴン州）

ホール・イン・ザ・グラウンドの東南東 11km にあるタフリング。直径 1360m、高さ 60m。最終氷期の 10 万～ 5 万前のマグマ水蒸気爆発でできたが、浸食によって硬い内部だけが残り、要塞（フォート）のように見えることから名づけられた。

㉚ ダイヤモンドヘッド （アメリカ・ハワイ州）

オアフ島・ワイキキビーチのランドマークであるダイヤモンドヘッドは、50 万年前のマグマ水蒸気爆発で誕生し、浸食されたタフリング。直径 1600m、高さ 232m で山頂には展望台がある。海水浴で人気のあるハナウマ湾は、リングの一部が崩れて海に繋がったタフリング。

㉛ 水月峰（スウォルボン）タフリング（韓国・済州島）

多様な火山地形が見られる済州島は2010年にユネスコの世界ジオパークに認定され、火山地形や地層が見やすいように整備が進んでいる。西海岸にある水月峰タフリングもその一つで、マグマ水蒸気爆発によって作られたベースサージ堆積物を見ることができる。写真のように火口から放射方向にある露頭では、爆風で運搬・侵食された構造を詳しく観察できるが、火口から円周方向の露頭だとわかりにくい。どちら側に火口があったかは78ページを参照。

㉜ イザベラ島の火山豆石（まめいし） （エクアドル・ガラパゴス諸島）

噴火で「火山豆石」が降ることがある。写真の豆石は数 mm ～ 1cm の大きさで、海岸近くの崖で拾い集めたもの。ガラパゴスのマグマは玄武岩質で爆発性は少ないが、海岸付近では爆発的なマグマ水蒸気爆発となる。細粒の火山灰と水蒸気粒子に富んだ環境は、火山豆石の成長にうってつけの場。噴煙の中で水蒸気が凝集して水滴となり、水滴に火山灰が集まって火山豆石ができる。火山豆石が降り積もるのは、爆発的な噴火の真っ最中。あたりには熱気を帯びた火山灰が充満し、闇の中を鉄砲玉のような火山豆石が降り注ぐ。

解説

第３章

マグマと水

地球は水の惑星だ。その表面の70%以上は海水で覆われ、残りの陸地にも川や湖、地下水や氷河といったさまざまな形で水が存在する。そのような水で覆われた地表に1000℃前後もの高温のマグマが突然噴出すると、地表に存在する水との反応でいろいろなことが起きる。このような噴火は水惑星である地球独特の噴火活動で、それはまさに火と水のせめぎあいだ。

水による冷却

溶岩が水に触れた場合、空気に接触するのに比べて急速に熱を奪われる。なぜなら水は空気より密度が大きく、また熱伝導率も熱容量も大きいため溶岩から効率的に熱を奪うからだ。また、水のもう一つの重要な振る舞いは蒸発だ。液体の水が蒸発して気体の水蒸気になる、すなわち水が相転移(そうてんい)するときには、潜熱として多量の熱を周囲から奪う。また固体の氷から水になるときにも多量の熱を潜熱として吸収する。そのため、溶岩が氷や雪と接触すると、固体の氷が溶けて液体の水となり、さらにその液体の水が蒸発して水蒸気になる過程で多大な潜熱が吸収され、高温の溶岩は急速に熱を奪われ固結してしまう。

ところで、急激に冷やされた溶岩には何が起きるだろう。溶岩はケイ酸塩の高温の溶融体だ。それがゆっくりと冷えれば、細かな鉱物の結晶が成長して全体が鉱物の結晶粒子の集合体でできた岩石になる。しかし、溶融状態の溶岩が水に接触するなどして急に冷えると、含まれている鉱物成分が結晶化する時間がなく固まってしまうため天然のガラスができる。それは人工的に作られるガラスとほとんど同じものだ。こうしたガラスを火山ガラスと呼ぶ。

溶岩が水に触れると急に温度が下がるため収縮する。ガラスとして固まった後も水に冷やされ温度が下がり続けるので、溶岩はどんどん収縮してその中に細かな亀裂ができる。そのため水で急激に冷やされた溶岩の表面を見ると、無数の細かな割れ目が網の目のように発達した独特の構造が見られる（図1）。ときには収縮によってできた割れ目がつながって、溶岩は粉々に砕けてしまうこともある。

図１　海水によって冷却され、細かなブロック状の割れ目がたくさんできた玄武岩溶岩。伊豆半島の大室山から流れ出した溶岩が海に流れ込んでいる城ヶ崎海岸（写真㉓）には、このような見事な冷却割れ目の発達した溶岩が見られる。

枕状溶岩と水冷自破砕溶岩

陸上のパホイホイ溶岩のような粘性の低い玄武岩の溶岩が水中をゆっくりと流れると、水に冷やされた表面がガラスの薄い殻となり溶岩を包み込む袋のような形になる。また溶岩に触れた水は気化して水蒸気となり溶岩の表面を薄い膜のように覆う。気体である水蒸気は水に比べると熱の伝導率がとても小さいため、この溶岩の表面にできた蒸気の膜が断熱材のような役割を果たして内部の溶岩が冷えるのを防いでいる。袋の中の溶岩はまだ溶けて流れようとするので、殻が次々と破れては溶融状態の溶岩が水に触れて、また新しい殻ができる。この繰り返しによって、枕のような丸い形の溶岩の塊がどんどん作られる（図2）。こうしてできる丸い溶岩の塊が積み重なったものは枕状溶岩と呼ばれる（写真⑨、㉕）。枕状溶岩は、玄武岩溶岩が水底でゆっくりと広がったときにできる特徴的な溶岩だ。

陸上でアア溶岩や塊状溶岩ができるようなとき、つまり溶岩の表面にできた殻が内部の溶けている溶岩の流れによって次々と壊されるときにはどうなるだろう。溶岩表面の殻が壊れてしまうので枕状溶岩になることができず、殻にできた割れ目には外から水が侵入し、内部の高温の溶岩がどんどん冷やされてゆく。冷えて固まったところはさらに壊され、新しくできた割れ目にまた水が入ってくる。こうしたプロセスの繰り返しで、全体が粉々に破砕された溶岩ができる。こうして水中で水の侵入と冷却によって砕かれた溶岩を水中自破砕溶岩と呼ぶ（図3)。これは安山岩やデイサイトといった粘性の高い溶岩に特徴的に作られるが、玄武岩でも珍しくはない。

マグマ水蒸気爆発

もっと溶岩と水が激しく接触するときには何が起きるだろう。水底で噴火が起こり、水の中にバラバラに砕けた溶岩が噴出すると、高温の溶岩と水との接触面積が大きいので大量の水が一気に気化する。砕けた溶岩の破片が激しく動いていると周囲を取り囲む水がかき乱され、溶岩の表面にできた水蒸気の膜が破れて新しい水が次々と表面に接触する。その結果、より大量の水蒸気が急激に発生する。

水が水蒸気になるとき、その体積は約1000倍にも膨らむ。そのため水中などの閉じ込められた環境で急激に

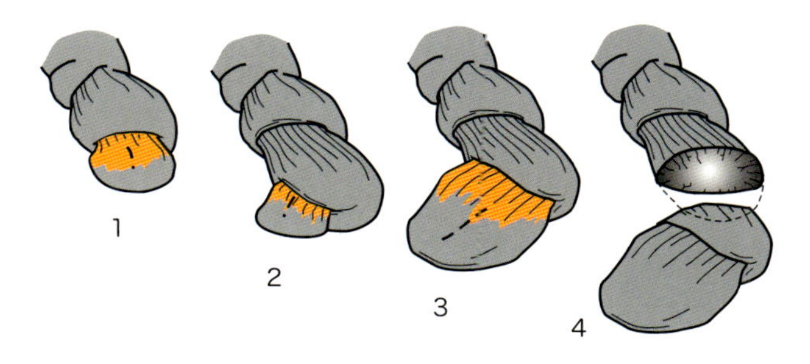

図2　枕状溶岩のでき方。粘性の低い溶岩が水中に流れると、溶岩流の表面は水で冷やされて薄い殻ができ、流れ全体を包み込むが、中のまだ溶けている溶岩は次々とその殻を破って流れ出る（1～3）。4は、その枕状溶岩の一つの断面。表面から冷やされるため断面には放射状の割れ目ができる。

図3　海底に噴出した安山岩溶岩が水によって急冷され、ばらばらに砕けてできた水中自破砕溶岩（南伊豆の入間港）。角張った溶岩塊と、それを取り囲む、より細かな溶岩の破片からできている。写っている部分は高さ2m。

水が気化すると高圧の水蒸気の塊が作られる。もしその水蒸気の塊が地上に噴き出せば爆発的に膨張し、猛烈な水蒸気爆発が起きる。

ところが水中深いところでマグマと水が接触すると、発生した水蒸気は高い水圧で抑え込まれ、一気に膨張することができない。そのうち、周りの水によって冷やされた水蒸気はまた水にもどってしまう。そのため、水深の深いところで水とマグマが接触しても水蒸気爆発は起こりにくい。激しい水蒸気爆発が起きるのは、ふつう水深100mよりも浅いところだ。

水だけでなくマグマも巻き込んで爆発する水蒸気爆発のことを、特にマグマ水蒸気爆発という。マグマ水蒸気爆発は、浅い水底や地下水の中にマグマが噴出したときや、あるいは湖や海に溶岩が流れ込むときによく起きる噴火だ。有珠火山2000年の噴火では地下浅いところに貫入したマグマが地下水と接触して盛んにマグマ水蒸気爆発を繰り返した（第3章・扉写真）。西之島で溶岩流が海中に流れ込んでいるところでも、小さな水蒸気爆発が繰り返し起こっていた（写真㉒）。

マグマ水蒸気爆発では、爆発に巻き込まれたマグマの破片は水蒸気によって急激に冷やされて砕けるので細かな火山ガラスの火山灰がたくさん作られる。表面に細かな亀裂がたくさん発達しているような急激に冷やされた痕跡のある細かなガラス粒からなる火山灰が噴出物にたくさん含まれていれば、マグマと水が接触する爆発が起こった証拠になる。

火山豆石

マグマ水蒸気爆発では、マグマが急激に冷やされて粉々になり、細かな火山灰が大量に作られる。それが水の蒸発によって作られた水蒸気と混じり合って噴出する。大気中に噴出した灰混じりの噴煙の中の水蒸気は、温度が下がると再び凝結（ぎょうけつ）して雨粒となる。そのとき噴煙に含まれている細かな火山灰も一緒に取り込んで、泥水の雨となって落下する。噴煙に大量の火山灰が含まれていると、雨粒は泥だんごのような火山灰の塊となって落下するが、このような火山灰の塊が乾燥して固まると大豆の粒のような丸い塊になる（写真㉜）。このような塊を火山豆石（まめいし）と呼ぶ。火山豆石は噴煙の中に大量の水蒸気と火山灰が含まれていた証拠で、マグマ水蒸気爆発を特徴づける噴出物だ。

激しいマグマ水蒸気爆発が起こると、細かく砕かれたマグマの破片や噴火口の周りの岩石などが爆発によって吹き飛ばされ、水蒸気とともに高速の横殴りの爆風となって周辺に吹きつける。これは火山灰や火山岩塊が火山ガスと混然となって流れ下る火砕流の一種で、このようなマグマ水蒸気爆発によって特徴的に発生する高速の火砕流をベースサージと呼ぶ。水と接触しながらマグマが次々と噴出するようなときには、噴火口の周辺に破砕されたマグマの破片や爆発したところの周りにあった岩石や土砂を巻き込んだベースサージが火口の周りに次々と吹きつける。

地表に沿った火山灰混じりの爆風であるベースサージは、デューンと呼ばれる大きな風紋のような堆積構造を作る。ベースサージ堆積物の断面を見ると、しばしば写真㉛のように、見事なデューンの断面が見えていることがある。ベースサージは噴火口の方向から吹きつけるので、デューンの方向を観察するとどちらの方向で噴火が起こったのかを知ることもできる（図4）。

噴火口の周りに積み上がったベースサージ堆積物は、爆風によって堆積物が吹き飛ばされながら薄く広く堆積するため、全体として低い皿を伏せたようなタフリングと呼ばれる地形を作る。ハワイ・オアフ島のワイキキビーチのそばにあるダイヤモンドヘッド（写真㉚）は、こうしたマグマ水蒸気爆発で作られたタフリングだ。

マグマ水蒸気爆発の脅威

このようなベースサージは、玄武岩から流紋岩まで、あらゆるタイプのマグマで発生する。粘性の低い玄武岩が水と接触しないで噴火する普通の噴火は、それほど爆発的でないことが多い。しかし、地表の水を巻き込んでマグマ水蒸気爆発を起こすと、ときには噴火口から何km も離れたところまで岩塊（がんかい）を飛ばしたり、ベースサージが吹きつけたりする破壊的な爆発を起こすことがある。マグマ水蒸気爆発によるベースサージ堆積物の中には、写真㉗に見られるような、爆発で吹き飛ばされた岩塊が堆積物に突き刺さったボンブサグと呼ばれる構造がしばしば見られる。海に囲まれた火山島の海岸付近ではこうした破壊力のあるマグマ水蒸気爆発が起きやすい。ところが困ったことに、こうした火山島で最も人が集まって住んでいるのもまた海岸付近だ。そのため、海岸付近で発生するマグマ水蒸気爆発は、火山島での噴火のなかでは最も脅威的な噴火の一つだ。

水に流れ込んだ溶岩

陸上を流れている溶岩が海や湖といった大量の水が溜まっているところに流れ込むとどうなるだろうか。溶岩流の先端が水に触れると、急速に冷やされて固まってしまう。つまり、溶岩流の先端が固まった溶岩でせき止められてしまう。そのため、後から流れてくる溶岩は流れ続けることができなくなるので、溶岩流の側面を破って

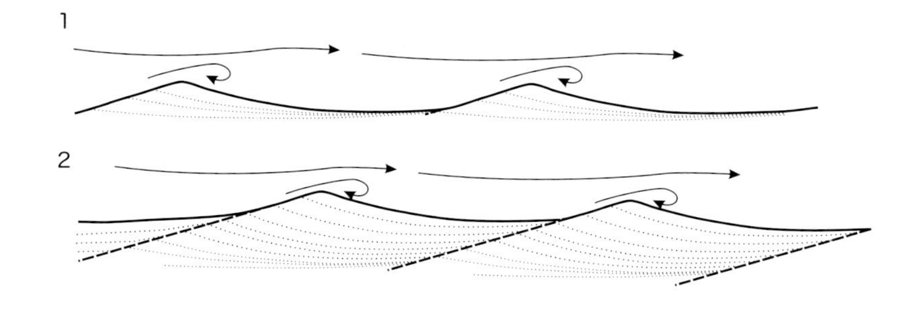

図4　ベースサージによるデューン構造のでき方の断面図。1：一つのデューンのでき方。爆風が当たる風上側の斜面の堆積物は削られて、デューンの風下側の斜面に堆積する。2：これを繰り返すことで、デューンが次第に風下側に移動しながら、堆積物で埋められてゆく。

新たな分流を作る。しかしその分流もまた水に触れて冷却して固まってしまうので、次々と溶岩は枝分かれして水に流れ込む。このようなプロセスが続くと、海岸線のところで手のひらを広げたように枝分かれした特徴的な溶岩ができる。西之島の噴火では、長期間にわたって溶岩が海に次々と流れ込み、島の全周で分岐溶岩を作りながら新しい島を広げていった。また、伊豆半島東部の大室山から流れ出した溶岩は伊豆高原から城ヶ崎海岸に広がり、海水によって冷やされて分岐溶岩を作りながら海に広がった（写真㉓）。

水の中ではさらに複雑なことが起きている。水に流れ込んで固まってしまった溶岩の先端は、冷却による収縮や後から流れ込む溶岩の圧力によってばらばらに壊され、無数の溶岩のブロックとなる。水深が急に深くなるような地形のところに溶岩が流れ込むと、こうしたブロックは溶岩前面から海底面を転がり落ちて崖錐のような急な斜面を作りながら、次第に水底を埋め立ててゆく。やがて水深が十分浅くなると、その上を溶岩が分岐しながら広がって扇状地のような地形を作る。

こうした、溶岩のブロックが不安定に積み重なったものを土台にしてその上に溶岩が広がった構造はたいへん不安定だ。ハワイ・キラウエア火山ではプウオオ火口からの溶岩流が 30 年以上太平洋に流れ込み海岸を埋め立て続けている。海に流れ込んだ溶岩は広いテラスのような地形を作りながら島を広げてゆくが、図５のようにある程度までテラスが広がるとその下の不安定な土台ごと地すべりを起こして崩壊してしまうことを繰り返している。こうした崩壊は前触れなく突然起こる。崩壊が引き金となって海水とマグマが激しく接触して水蒸気爆発が起きたり、また海底で起きる地すべりによる津波が発生することもある。

溶岩の二次爆発と根なしクレーター

溶岩流や火砕流などの熱い堆積物が浅い水域や湿地帯に流れ込むと、その下敷きになって閉じ込められた水が溶岩の熱で気化する。ときには、発生した水蒸気の圧力によってその上を覆っている溶岩や火砕流を突き破って、激しい爆発を起こすことがある。このような爆発は、地下からマグマが噴出する噴火地点とに関係ないところで起きる、いわば根なしの火山爆発だ。このように作られるクレーターのことを、偽クレーターまたは根なしクレーターと呼ぶ。写真㉔は、アイスランドで 1783 年に起きたラカギガルの噴火で湿地に広がった溶岩の表面にできた、無数の偽クレーター。偽クレーターは、水のある地表に溶岩や火砕流が流れ広がった証拠だ。

氷底噴火

水が固まっているとき、すなわち氷の状態でマグマと接触することもある。アンデスなど高い山の山頂には山岳氷河が載っていることがある。また北日本の山などでは、冬になると大量の積雪が山頂部を覆う。こうしたところで噴火が起きると、火口周辺を覆っている雪や氷が溶かされて多量の水が急激に山麓に流れ下ることがある。こうした融雪泥流と呼ばれる土石流はしばしば大きな災害をもたらしてきた。

また、氷床と呼ばれる平らで厚い氷河が覆っているような場所で噴火が起きると、溶岩の熱で溶かされた水が氷河の中に湖をつくる。今から１万年前以前の氷河期には、アイスランドの全域が厚い氷床で覆われていて、氷河の下での噴火が頻発した。アイスランドの溶岩はほとんど玄武岩なので、水中に流れ出た溶岩は枕状溶岩となって積み重なる。枕状溶岩でできた山が水面近くまで成長すると、水深が浅くなるのでマグマ水蒸気爆発が起こる。さらに成長して火山が氷の上まで成長すると、陸

図５　ハワイ島・キラウエア火山のプウオオ火口から溶岩トンネルの中を 10km 以上も流れてきた溶岩が海に流れ込む。高温の溶岩と海水が激しく接触して盛んに水蒸気が上がっている。海水が濁っているのは、水に触れて砕けた溶岩の粉が漂っているからだ。

上と同じように溶岩が流れ広がり、水に流れ込んだところで枕状溶岩を作る（図6）。このようなプロセスは、海の中で火山が成長して島になるときに起きるプロセスとよく似ている。

氷河期のアイスランドでは、いたるところでこのような「火山島」が作られた。氷河期が終わって周りの氷河が融け去ってしまうと、頂上が平らで周囲が急な独特の形の火山が残された（写真㉖）。このようなアイスランドの火山は卓状火山と呼ばれ、氷河期の氷の下での噴火の痕跡である。

現在でも、アイスランドの一部には氷河があり、ときどきその中で噴火が起きる。現在のアイスランドの氷河は薄くまたその広がりも限られているので、こうした噴火が起きると、氷が融けてできた水の塊は、それをせき止めている氷河を破って一気に流れ出し突然の洪水を起こすことがある。アイスランドではこうした噴火によって引き起こされる洪水も大きな災害としておそれられている。

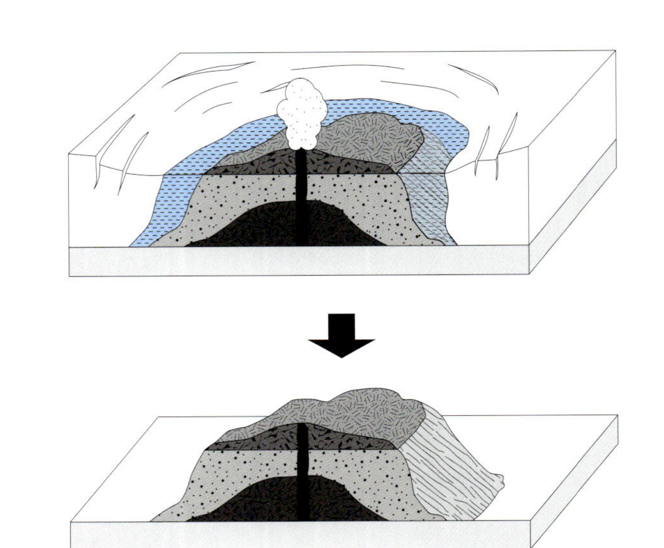

図6　卓状火山のでき方。厚い氷河の底で噴火が起こると、溶岩の熱で氷が融かされて氷河の中に湖が形成される。湖の中では枕状溶岩や自破砕溶岩による急な山体が作られる。火山が湖の水面よりも高く成長すると、溶岩と水との接触がなくなるため粘性の低い玄武岩溶岩はなだらかな火山体を作る。山の斜面の傾斜が変わるところが、噴火時に地表を覆っていた氷河の高さだ。

図7　氷河の下で起こった噴火によって発生する洪水をアイスランドではヨックルフロイプと呼ぶ。アイスランド南海岸は度重なるヨックルフロイプによって運ばれた大量の砂礫が長大な砂浜を作っている。

第4章

貫入・割れ目噴火

プウオオ　2011年の割れ目噴火。3月8日撮影（アメリカ・ハワイ州）

㉝ 伊豆大島──1986 年の噴火割れ目　（東京都）

1986 年の伊豆大島の噴火は、11 月 15 日に三原山火口（写真右）の南縁から始まった。深さ 200m あった火口は溶岩で埋めつくされ、19 日には三原山の山腹を流れ下った（右下）。20 日には噴火が間欠的になり終息するように見えた。しかし 21 日 16 時過ぎ、カルデラ床に割れ目（中央から左）ができ、そこからカーテン状の溶岩噴泉が立ち上がった。割れ目は北西～南東方向に拡大するとともに噴泉も高さ 500m に達し、基部からは溶岩が流出した。

㉞ キラウエア火山の南西リフトゾーンの噴火割れ目（アメリカ・ハワイ州）

キラウエア火山には割れ目噴火の起きやすい場所がある。カルデラから南西と東に延びる２つのリフトゾーンだ。写真はキラウエアのカルデラ壁（左下）から始まる南西リフトゾーンの割れ目群。割れ目から広がるのは 1971 年 9 月 24 日の噴火であふれ出た溶岩。割れ目噴火はカルデラ床から始まり、高さ 50m のカーテン状の溶岩を噴き上げ、１時間後にはカルデラ壁を乗り越えた。繰り返す割れ目噴火や貫入による地割れで、道路の舗装がつぎはぎになっている。

㉟ 北海道駒ヶ岳（こまがたけ）──1942 年の噴火割れ目
（北海道）

1640 年、1694 年、1856 年、1929 年と何度も大噴火を繰り返している北海道駒ヶ岳（1131m）。それよりも規模が小さい 1942 年の中噴火では 8000m に達する噴煙が上がり、続いて岩塊・火山礫・火山灰などを降らせ、夕方には収束した。このときの噴火では、1929 年の大噴火でできた火口（写真右上）を貫くように全長 1.6km の割れ目が生じた。割れ目の側壁には、1929 年大噴火の成層した噴出物が見える。

㊱ カペリーニョ噴火の岩脈　（ポルトガル・アゾレス諸島）

1957～58年にファイアル島西部で起きたカペリーニョ噴火（写真㉗）の岩脈。成層した火山灰に貫入したので、岩脈の壁には火山灰の成層構造がそのまま押印されている。幅は約50cm。岩脈の両端は急激に冷やされたために緻密で、内側はゆっくり冷えたので気泡が多く、マグマの移動を示す層状構造も見える。

㊲ 富士山──宝永火口の溶岩と岩脈 （静岡県）

1707（宝永 4）年 12 月の宝永噴火では、南東山腹で割れ目噴火が起こった。このときにできた宝永火口では富士山の内部を覗くことができる。宝永火口の最上部には、斜面に平行した溶岩と直立した岩脈群が多数見られ、一般の人にも目立つので「十二薬師」と名前がつけられている。中央右寄りには溶岩の供給岩脈が見える。

㊳ シップロックの岩脈 （アメリカ・コロラド州）

コロラド高原南部にある岩山、シップロック。周囲の平原から 510m の高さにそびえる姿が、大海原を進む船に似ていることから名づけられた。火山直下のマグマの圧力が高まると、上方に移動して中央の火口から噴出することも、岩脈として側方に移動して山腹からの割れ目噴火になる場合もある。シップロックでは、浸食によって周りの軟らかい地層が取り除かれ、かつての火口とそこから 3 方向に延びる板状の岩脈が残った。

㊴ ヘンリー山地のラコリス （アメリカ・コロラド州）

ラコリスとは、マグマが地層の間に入り込んで、底は平らで上面は餅のように盛り上がった貫入岩体。コロラド高原のように水平な地層が数百km も広がっている地域では、ラコリスができやすい。ヘンリー山地のラコリス（直径 4km、高さ 1.5km）は約 2500 万年前の粗粒玄武岩からなる。古生代の水平な砂岩層がヘンリー山地のラコリスに近づくと急傾斜になる。この地域は 1876 年、G. ギルバートによって詳しく調査され、このような貫入岩体をラコリスと呼ぶようになった。

解説

第４章

貫入・割れ目噴火

マグマは地下から上昇し、地表に噴出して火山を作る。ときには多量のマグマが地下に蓄積されることもある。硬い岩盤の中をマグマが移動したり蓄積したりするためには、亀裂を作ってマグマの移動する通路や貯留するスペースを確保しなければならない。

岩脈

岩盤の中にできた割れ目の中にマグマが貫入（かんにゅう）したものを岩脈（がんみゃく）という。岩脈は、岩石でできた地中を液体であるマグマが移動する、最も基本的な構造だ。溶けたマグマで満たされている割れ目も、それが固まって岩石となった構造も、どちらも岩脈と呼ばれる。

地下でマグマの圧力が高まると、周りの岩盤が引き裂かれて割れ目ができる。マグマはその中に押し込まれ、割れ目をさらに押し広げる。図１のように、地下の岩盤の中にできた割れ目には、その上の岩盤の重さで高い圧力がかかっている。そのため、割れ目内部にかかっている圧力が周りの岩盤の圧力よりも小さい場合には割れ目は押しつぶされて閉じてしまう。その圧力に打ち勝って割れ目を押し広げ、マグマを中に入れるためには、周囲の岩盤からかかる圧力よりさらに数十気圧も高い圧力をマグマにかけなければならない。

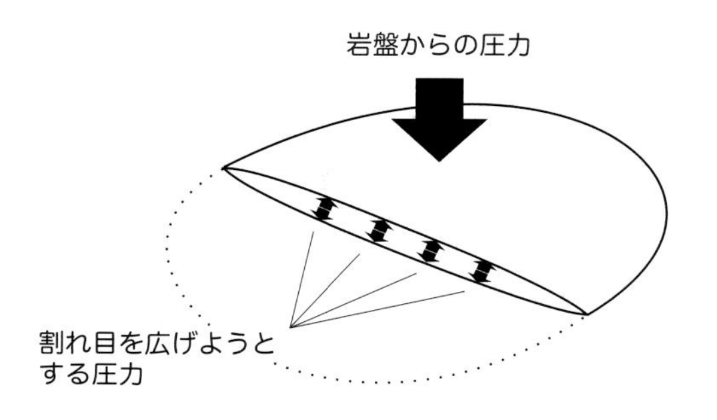

図１　岩盤の中の割れ目にかかる圧力。地下の岩盤にはその上にある岩石の重さで高い圧力がかかっている。岩盤に割れ目ができると周りの岩盤の圧力によって押しつぶされ、割れ目は開くことができない。割れ目の中の流体の圧力が岩盤の圧力よりも高くなると割れ目を押し開くことができる。

写真㊱は、地下の割れ目を満たしていたマグマが固まってできた岩脈だ。岩脈が周りよりも突き出た地形をしているのは、取り囲んでいた比較的軟らかい岩盤が侵食によって取り除かれ、硬い岩石でできた岩脈だけが取り残されたからだ。

岩脈は一直線に長く続いていることが多いので、硬い岩石でできた岩脈は写真㊳のシップロックから延びている岩脈のように、延々と土手のような長い高まりを作っていることがある。英語で岩脈のことをdikeと呼ぶが、もともとは土手や堤防のような細長い土地の高まりを意味する言葉だ。

割れ目噴火

割れ目の中にはマグマ溜まりからマグマが次々と流れ込み、全体を押し広げているときには、岩石を引き裂く強い力が先端に加わっている。そのため、割れ目が膨らむにつれてその先端では次々と岩盤に裂け目ができて、どんどん先に伸びてゆく。新たにできた割れ目には新たなマグマが流れ込み、先へ先へと流れてゆく。こうしてできた岩盤の中の割れ目をつかってマグマが移動する構造が岩脈だ。

岩脈が地表まで届くと、その中を通ってマグマが地表に噴き出す。それが割れ目噴火だ。キラウエア火山には、こうした割れ目噴火が集中して起こるリフトゾーンと呼ばれる構造がある。写真㉞がそのリフトゾーンで、地面の巨大な割れ目の一部から溶岩があふれ出した様子を見て取ることができる。第４章の扉写真は、そうしたリフトゾーンで起こった割れ目噴火の様子だ。噴火口が一列に並んで、そこから溶岩があふれ出している。こうした噴火口の下には、マグマ溜まりから続いている割れ目が隠されている（図２）。

ときにはマグマだけでなく、地下でマグマによって加熱された高圧の水蒸気も割れ目を通って地表に噴き出す。写真㉟は、北海道駒ヶ岳（こまがたけ）の山頂にある割れ目噴火を起こ

図２　ガラパゴス諸島のフェルナンディナ火山に見られる溶岩流と、その噴火口の下につながる岩脈。割れ目を通って上昇してきたマグマが地表に噴き出して溶岩流を作ったことがわかる。

した火口だ。この火口ができた1942年の噴火は、マグマと地下水が接触して起こったマグマ水蒸気噴火と考えられている。マグマに熱された地下水が沸騰してできた高圧の水蒸気は、火山体の中に長さ1.6kmにおよぶ裂け目を作って地表に噴き出した。

単成火山と複成火山

岩盤の中に作られる割れ目はごく薄い。玄武岩のマグマが作る岩脈の厚さは1mに満たないことも多い。安山岩でも、10mを超える厚さの岩脈はまれだ。

薄い割れ目をマグマが満たしている岩脈は、周囲の岩盤からすぐに冷やされ固まってしまう。岩脈を作るマグマが固結して岩石となるともはやそこをマグマは流れることができず、火道は詰まってしまう。

再びマグマが上昇してきても、詰まってしまった火道を使うことができないので別の場所に新しい岩脈を作り、それを火道として別の場所に新たな噴火が起きる。このように、一度しか使われない火道から噴火する火山を単成火山という。割れ目噴火の火口は一般に単成火山だ。

一方、写真⑯の霧島新燃岳の山頂の火口や写真㊵の阿蘇中岳（あそなかだけ）の火口は、同じ場所からマグマが繰り返し噴出している。このような噴火でできる火山は複成火山といわれる。

割れ目のできる向き

地下の岩盤にかかる圧力は、水圧のように深さごとに同じ圧力がまんべんなくかかっているわけではない。固体でできている岩盤には周囲から押される力や引っ張られる力がかかっているため、地下のある場所での圧力は方向によって違っている。また、地殻変動などで岩盤にかかる圧力も時間とともに変化することがある。

このような岩盤にかかる圧力は、その中にできる割れ目の方向を決める。岩盤の中の割れ目は、図１のような１枚の薄いレンズに似ている。中の圧力が高まると、割れ目は膨らみ始める。逆に、レンズを押しつぶそうとする周りの岩盤の圧力のほうが大きいと、割れ目はつぶされて閉じてしまう。つまり、割れ目に侵入するマグマの圧力が周囲の岩盤の圧力よりも大きい場合にだけ、割れ目を広げることができる。

岩盤が引っ張られているときには、引っ張っている方向からかかる圧力が一番小さくなるので、割れ目はその方向に膨らむ。そのため、逆に割れ目の方向を見ると岩盤にかかっていた圧力の方向がわかる。

割れ目火口と岩脈の方向

ハワイのキラウエア火山は、マウナロア火山という巨大な楯状火山の山腹の斜面に載った火山だ。そのため、斜面の下のほうに向かって常に引っ張る力がかかっている。写真㉞に見られるリフトゾーンは、このような引っ張りの力によって広がった割れ目にマグマが入り込んで、ときには地上に噴火している場所だ。割れ目が膨らんでいる方向、つまり割れ目の延びている方向と垂直な方向に引っ張りの力がかかっていることがわかる。

写真㊳はシップロックという古い火山で、火山体はすっかり侵食されてしまいその根っこの部分が露出している場所だ。この火山が活動していたときにマグマが満たしていたところが中央部分で、そこから放射状に岩脈

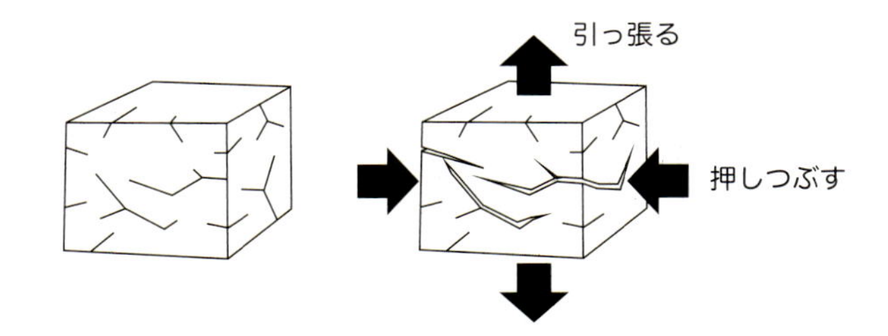

図３　左の図のように、地下の岩石にはもともとたくさんの割れ目が入っている。割れ目の方向はランダムである。そのような割れ目だらけの岩に右の図のような力をかけると、引っ張られた方向に垂直で押しつぶす方向に、平行な割れ目が選択的に開く。

が延びている。このような岩脈を放射状岩脈群と呼び、その真ん中に高い圧力の部分があって、それが周辺の岩盤を放射状に押しているときに作られる。シップロックの中央にある岩はいわば小さなマグマ溜まりの痕跡で、その圧力が高まって周りの岩に放射状の割れ目ができ、その中にマグマが入り込んで岩脈が作られたことがわかる。

割れ目噴火を繰り返している富士山の中にも、多くの岩脈が作られている。富士山の表面は噴出物で覆われているのでそうした岩脈を見る機会はほとんどないが、写真㊲のように火山体の中が見えている場所では、たくさんの割れ目とそれを満たした岩脈を見ることができる。これは1707年の宝永噴火のときにできた噴火口の壁で、富士山の中を覗くことができる数少ない場所だ。この火口の壁に見られる岩脈は北西 - 南東方向に並んでいる。この方向は、富士山の山腹に無数に存在する割れ目噴火の割れ目が延びている方向と同じだ。

ところで、富士山から100kmほど離れた伊豆大島の割れ目火口も、同じく北西 - 南東方向に伸びている（写真㉝）。つまり、割れ目火口の下にある岩脈の成長している方向が富士山とほとんど同じだ。これは、富士山と伊豆大島を載せているフィリピン海プレートが本州に向かって沈み込むために、富士山や伊豆大島を載せた岩盤を押している方向を表している。このように、岩脈やそれが地表に噴き出してできる割れ目噴火の方向は、地下の岩盤にかかっている圧力の方向を示す良い目印となっている。

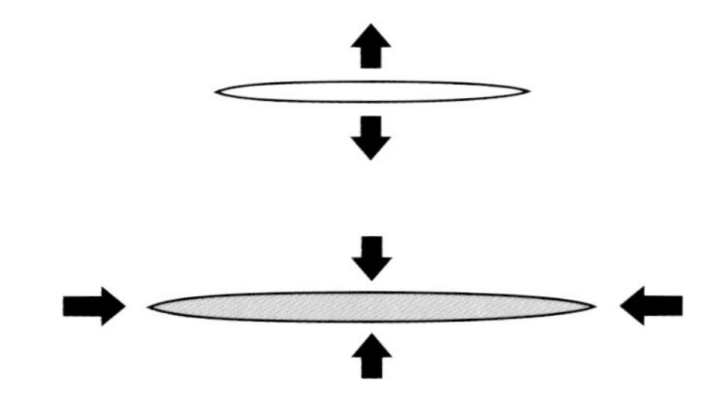

図４　上の場合のように、岩盤に引っ張られるような力がはたらいている場合、引っ張られている方向に直角な方向の割れ目が一番開きやすい。下の図のように、割れ目の中を満たしているマグマなどの液体の圧力が周囲の岩盤の圧力よりも高い場合には、岩盤からかかる圧力が最も小さい方向に向かって割れ目が開きやすい。

マグマ溜まりと貫入岩

地下深くで作られたマグマが地表に到達すれば噴火を起こして火山を作る。しかし、地下で生まれたほとんどのマグマは、地表に到達する前に地下のどこかで停止して冷え固まる。花崗岩（かこうがん）やはんれい岩は地殻の中でマグマがゆっくりと冷え固まった深成岩だ。

どれくらいの量のマグマが地下にとどまるかを見積もることは難しいが、海洋地殻が生まれる中央海嶺の火山でも、地下で作られるマグマの１割程度しか地表に噴出せず、残りは地下で固まってしまうと考えられている。日本列島のような、地殻が厚く発達した島弧では、地表に噴出するマグマの割合は中央海嶺よりもはるかに小さいと考えられている。

上昇してきたマグマが地下で停止してしまう理由は、主に周囲の岩盤の密度の構造にある。地下を作る岩盤の密度は地表に近いほど小さく、地下深くに潜るほど大きくなる。そのため、深いところでは周りの岩石よりも密度が小さいマグマも、上昇する途中で周囲の岩石と密度の差がなくなってしまう。すると、それまでマグマを上に持ち上げていた浮力がなくなるため、マグマはもはや上昇できず、その深さで停止する。

ある特定の場所で大量のマグマが停止して滞留している場所をマグマ溜まりと呼ぶ。マグマ溜まりそのものを直接見ることはできないが、地質時代のマグマ溜まりが冷え固まってできた岩体は、深成岩となって地表で観察することができる。写真⑧は、地下数kmの深さで固まった花崗岩の大きな貫入岩体だ。花崗岩の貫入岩体は差し渡しが数十kmにもおよぶものもある。そのような巨大な貫入岩体はバソリスと呼ばれる。花崗岩バソリスの存在は、それだけの大きさのマグマ溜まりが地下に作られていたことを示している。

マグマがもっと浅いところまで上昇して冷えて固まったものは、より小さな貫入岩体となる。岩脈はそうした小規模な貫入岩体の構造の一つだ。地表近くの軟らかい地層の中にマグマが入り込み、その上の地層を持ち上げた構造はラコリスと呼ばれる（写真㊴）。地下のごく浅いところでラコリスが作られると、地表がドーム状に持ち上げられる。このような隆起構造は潜在溶岩ドームと呼ばれる。

第5章

火口・カルデラ・火砕物

霧島山・新燃岳の火口　1996年12月（鹿児島県／宮崎県）

㊵ 阿蘇中岳の火口（熊本県）

阿蘇山の歴史噴火の大部分は中岳で、現在までに140回以上を数え、日本最古553年の記録もある。中岳には南北に並んだ9つの火口があり、1934年以降は一番北（上）側の第1火口のみが活動している。平穏期にはこのように水をたたえて「湯溜まり」と呼ばれているが、活動期には湯溜まりが消失して火山灰の噴火やストロンボリ式噴火を繰り返す。火口壁にはその活動で降り積もった噴出物が見える。2002年11月撮影。

㊶ クレーターレークのカルデラ （アメリカ・オレゴン州）

クレーターレークは直径 10km のカルデラ湖で、国立公園になっている。この場所にはマザマ火山と呼ばれる標高 3600m の火山があった。7700 年前の巨大噴火で、マグマ溜まりから大量の火山灰や火砕流が噴出（溶岩換算で 50km^3）した。その結果、陥没してカルデラとなり、水が蓄えられてクレーターレークができた。湖の中にあるウィザード島は、大噴火の数百年後にできた火山島。

㊷ ブルカノ島――パン皮状火山弾 （イタリア）

ブルカノ島は、シチリア島北方のエオリア諸島にある。写真は南側から見た火口（直径 500m）で、紀元前5世紀からの噴火記録がある。当時の人々はこの火口からの噴火を見て、火と鍛冶の神ブルカンの住処と考え、ブルカノ火山と名づけた。火山の英語名ボルケーノもこれにちなむ。周囲に岩塊や火山弾をまき散らす爆発的な噴火が特徴で、このような噴火をブルカノ式噴火と呼ぶようになった。手前は、火口から噴き飛ばされたパン皮状火山弾で直径 1m。表面は急冷したためにガラス質だが、内部はゆっくりと発泡したために軽石質で、大きな割れ目は着地後にできた。

㊹ 霧島山新燃岳の火山灰 （宮崎県）

2011 年 1 月 19 日に始まった新燃岳の噴火では、最初の数日で大量の火山灰が降った。噴き上げられた火山灰は、上空の西風によって運ばれ、風下の宮崎県に降り積もった。新燃岳火口から東南東 8km の国道では、火山灰は厚さ 5cm。道路から取り除かれた火山灰が側溝を埋めている。火山灰は雪のようには融けないので、最終的には人力で取り除かなければならない。

㊸ 三宅島 2000 年のマグマ水蒸気爆発 （東京都）

2000 年 6 月 26 日、三宅島雄山の地下浅くまで上昇したマグマは地震を頻発させ、翌日にかけて西海域に移動し、小規模な海底噴火を引き起こした。7 月 8 日、雄山では水蒸気爆発が発生して火口ができた。7 月 20 日、陥没火口の縁（左上）のすぐ外側では、水蒸気爆発でまき散らされた岩塊が積み重なっていた。ほとんどが古い溶岩で、直径 1m を超える岩塊もある。2 週間後にはさらに火口が拡大し、この場所も陥没した。

㊺ ファイアル島──カペリーニョ噴火の紡錘状火山弾

（ポルトガル・アゾレス諸島）

軟らかい溶岩が火口から放出され、回転しながら固結・着地すると紡錘状火山弾となる。落ちている火山弾を拾って空高く投げ上げると、着地のときにばらばらになってしまう。このことから、火山弾が着地したときはまだ軟らかかったことがわかる。1957 年のカペリーニョ噴火では、島民が遠方の灯台からここで起きている噴火を眺めていた。

㊻ 伊豆大島の牛糞状火山弾　（東京都）

割れ目噴火 1 年後の 1987 年 11 月 16 日、三原山火口から爆発的な噴火があり、火口から 1km の範囲に火山弾・岩塊がまき散らされた。遠景の多数の凹地は、火山弾・岩塊の衝突によってできたクレーター。手前は畳 1 枚ほどもある牛糞状火山弾。1983 年の三宅島噴火では、割れ目噴火からの牛糞状火山弾が牧場に落下し、本物の牛糞か牛糞状火山弾か、近寄らなければわからなかった。

㊼ エルターレ火山──ペレーの毛　（エチオピア）

エチオピア北部のエルターレ火山は、世界でも数少ない溶岩湖をもつ火山。2016 年 1 月に訪れたときには、直径 50m の溶岩湖は煮えたぎる地獄の釜のようだった。湖面のあちこちが風船のように膨らんでは破裂することを繰り返し、溶岩のしぶきをまき散らす。風下の西側を歩くと、枯葉に覆われたような平原が広がる。しゃがんで目を地面に近づけると、その正体はマグマの飛沫が引き延ばされて急冷してできた「ペレーの毛」だった。水滴状のものは「ペレーの涙」と呼ばれる。左は約 3 倍に拡大したペレーの毛とペレーの涙。

㊽ 阿蘇山のスコリア丘
――米塚　（熊本県）

阿蘇山は９万年前のカルデラ形成後、カルデラ内に中央火口丘群ができた。手前のお椀を伏せたようなスコリア丘は中央火口丘の一つ米塚（麓からの高さ 80m）で、3300 年前の噴火によってできた。周囲のなだらかな斜面は、そのときに流れ出た溶岩からなる。米塚の噴火は、火山体を作る噴火としては阿蘇山で最も新しい。遠方にはカルデラ北縁の切り立った崖（高さ 300 ～ 700m）が見える。

㊾ グラシオーサ島――スコリア丘の断面
（ポルトガル・アゾレス諸島）

火口から噴き上げられる溶岩のしぶきは、空中で冷やされてスコリアとなり、火口近く（100m 以内）に着地する。スコリアが積み重なり安息角（30 度）を超えると、外側に転動し始める。写真の見かけ傾斜は緩やかだが、火口から放射状の断面を切ると安息角になっている。さらにスコリアが着地しても転動し、スコリア丘は安息角を保ったまま大きくなるので、どのスコリア丘も似たような形になる。中央の赤層は噴火が激しかったときで、大きな火山弾が含まれる。

㊿ エルターレ火山のホルニト　（エチオピア）

ホルニトとは、溶岩表面の殻を破って噴出したスパターが積み重なってできた小丘。写真のホルニトはエルターレ山頂火口から1300m流れた溶岩表面にある。横の人物は、2015年に国際宇宙ステーションに6カ月滞在したドイツ人火山学者アレキサンダー・ゲルスト。2005年撮影。

⑤1 | ⑤3
⑤2

⑤1 バルトロメ島のスパター丘（エクアドル・ガラパコス諸島）

スパターとは、高温でまだ完全に固まっていない状態の溶岩のしぶきで、溶岩餅とも呼ばれる。火口から放出したスパターが積もってできたのがスパター丘で、スコリア丘よりも小型で急峻だ。ここにある小丘は火口の直径が5～20mと小さいので、スパター丘ではなくホルニトかもしれない。

⑤2 単成火山を作るスパター丘（チリ／アルゼンチン）

パリアイケ火山地域は、パタゴニアの大西洋岸にある単成火山群。東西150km、南北50kmの範囲に100個以上のスコリア丘、スパター丘、タフリング、マールなどの単成火山が点在する。パリアイケは火口の直径がわずか160mのスパター丘だが、1万年以上前の人類遺構が残っていることから火山地域や国立公園の名称になっている。

⑤3 三原山――安永噴火のアグルチネート（東京都）

アグルチネートとは、火口から高温で軟らかい火山礫・火山岩塊・火山弾などが放出され、それが着地し積み重なって溶結したもの。写真は伊豆大島・三原山山腹の安永噴火（1778年）のアグルチネートで、1m以上のものもある。赤味を帯びているのは高温酸化によって赤鉄鉱ができたため。座布団のようなアグルチネートがどんどん降ってきたのだろう。露頭の高さは3m。

解説

第５章 火口・カルデラ・火砕物

火山の噴火というと、桜島の夜の爆発の写真のように爆発によってさまざまな岩塊が火口から勢いよく飛び散る様子を思い描く人も多いだろう。そうした噴火によって空中に吹き飛ばされ、空から降ってくる岩石の破片を火山学では降下テフラと呼んでいる。

火口とその形

火口というのは、マグマが地表に噴出する出口だ。たいていの場合、上から見ると丸い形をしている。火口の中で爆発が起きるとどの方向の岩石もだいたい同じように吹き飛ばされるので、爆発地点を中心とする丸い形の窪地が作られるからだ。

割れ目噴火のように噴火地点が複数ある場合や、起伏のある場所に作られる場合には、丸い火口が組み合わさって複雑な形になることもある。富士山 1707 年の噴火でできた宝永火口は、中腹の急斜面に開いた割れ目火口に沿って少なくとも３つの火口が作られたため、全体として細長い火口になっている（写真㊼）。写真㊵の阿蘇中岳の火口のように長い時間で火口の位置が次々と移動した場合にも、複数の火口が組み合わさって複雑な形になることがある。

火道の少し深いところで爆発が起こると、火口のでき方はもう少し複雑になる。地下にある火道の周りの岩石が爆発によって破壊され地表に噴出すると、爆発地点には空洞が作られる。その後、そうしてできた空洞に向かって周囲の岩石が崩壊し、新たに上昇してきたマグマによって次の爆発が起こると、崩れ落ちてきた岩石が砕かれて地表に噴出する。それが繰り返されると、火道の周りの岩石がアリジゴクの巣のように崩壊して、すり鉢状の火口が作られる。このような構造はダイアトリームと呼ばれ、マグマと地下水の接触によって地下の少し深いところで起こるマグマ水蒸気爆発の代表的な火口の構造だ。写真㉘〜㉚のタフリングの火口の下には、そうしたダイアトリームが作られている。

図１　浅間山の山頂にある釜山火口。火口とその周りの火砕丘は、1783 年の天明噴火で作られたらしい。その後、今日に至るまで幾度も爆発を繰り返しながら火口の形が作られた。火口の周りには、噴火で飛び散った噴出物が厚く堆積している。

図２　ハワイのキラウエア火山にあるマウナウル火山は、大量の溶岩を噴出した側火山だ。その山頂部には、噴火の終わりにマグマが地下に逆流することによって作られた、丸くて深いピットクレーターが口を開けている。

噴火が終わるときにマグマの圧力が下がり、火道の中に逆流するために上部が崩壊してできるピットクレーターと呼ばれる窪地もまた火口の一種だ（図2）。粘性の低いマグマのほうが火道を逆流しやすいので、ピットクレーターは玄武岩の火山でよく見られる。玄武岩マグマが噴出する伊豆大島では、1986年の噴火の1年後に火口を満たしていたマグマが急激に火道に逆流し、三原山の山頂に直径約350m、深さ約200mのピットクレーターが作られた（写真㉝の右上の火口）。

カルデラ

火口よりもずっと大きな窪地であるカルデラは、少し違った作られ方をする。カルデラとは火山の噴火で作られた、直径が約2kmを超える窪地のことだ。

巨大な噴火が発生して、何km^3ものマグマが地下の浅いマグマ溜まりから一気に噴出すると、マグマ溜まりの圧力が急に下がり、マグマの圧力で支えられていたマグマ溜まりの上の岩盤が中に崩れ落ちてしまう。崩壊が地表も巻き込んで起こると、マグマ溜まりの上の地表に大きな陥没孔が作られる。こうしてできるのが陥没カルデラだ（図3）。

陥没カルデラの大きさはマグマ溜まりの大きさを反映していると考えられる。そのような巨大噴火を起こすマグマ溜まりの差し渡しは数kmから数十kmもあると考えられるので、陥没カルデラの大きさも数kmから、大きいものでは100km近いものも存在する。

アメリカ西海岸のオレゴン州にあるクレーターレークカルデラ（写真㊶）は、こうした大噴火で作られた代表的な陥没カルデラとして知られる。クレーターレークカルデラの差し渡しは約10km、深さは650mを超える。約7700年前の大噴火で、地下数kmに蓄えられていた50km^3ものマグマが一度に噴出し、マグマ溜まりの天井が崩壊してできた窪地だ。周辺には、そのときにマグマ溜まりから噴出したマグマが火砕流となって広く堆積している。

鹿児島湾の最も北側の部分は、約3万年前の巨大噴火で作られた姶良（あいら）カルデラに海水が侵入してできた湾だ。この噴火では200～300km^3ものマグマが噴出し、直径約15kmのカルデラが作られた。そのほか、九州の南の海底にある鬼界（きかい）カルデラや、九州の中央部にある阿蘇カ

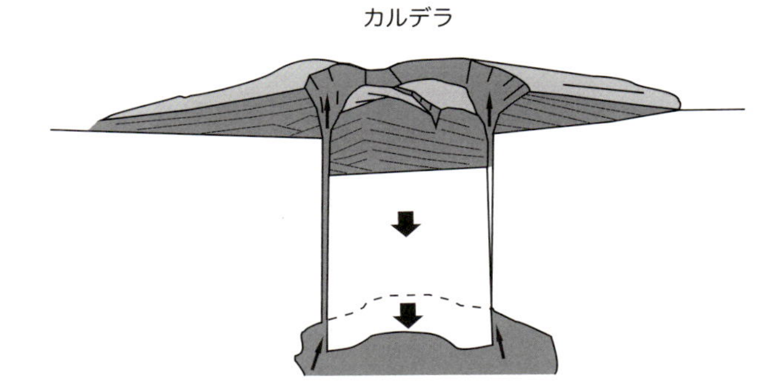

図3　陥没カルデラのでき方。マグマ溜まりから大量のマグマが一度に噴出すると、マグマ溜まりが空になりその上にある岩盤がマグマ溜まりに沈降する。岩盤の沈降が地表を巻き込むと、地表にはカルデラと呼ばれる窪地が作られる。図では噴出物が省略されているが、大量のマグマが噴出するため、実際の陥没カルデラの内部や外にも噴出物が厚く堆積している。

図4　（上）1991年6月の大噴火で作られた、フィリピンのピナツボ火山の山頂にある小型のカルデラ。噴火の後、カルデラには水が溜まってカルデラ湖が作られた。（下）中国・朝鮮国境の白頭山の山頂にある天池は、10世紀半ばに起きた大噴火によって形成された、直径5kmほどのカルデラの内部にできたカルデラ湖だ。

ルデラ、北海道の支笏（しこつ）カルデラなど、日本にはさまざまなカルデラがある。どれも巨大噴火によって作られた陥没カルデラだ。

近代社会がその形成を目撃したカルデラもある。フィリピンのピナツボ火山で起きた1991年6月の大噴火では、山頂に直径約2kmのカルデラが作られた（図4）。噴出したマグマの量は4～5km^{3}と見積もられている。また、2000年の三宅島の噴火でも、マグマ溜まりからマグマが側方に貫入してしまい、マグマ溜まりが崩壊して直径約1.7kmの小型のカルデラができた。

噴火後、カルデラの窪地には水が溜まってカルデラ湖ができることも多い。マグマ溜まりの崩壊によって作られる窪地はしばしば深さ1kmを超えるため、そこに水が溜まると深い湖ができる。国内で最も深い田沢湖をはじめ、水深の深い上位6位の湖はすべてカルデラ湖だ。

テフラ

火口から噴出するマグマの破片や、周囲の岩盤が壊されてできた岩片などは、大きさを問わずまとめてテフラと呼ばれる。日本語では、火山爆発によって砕かれたものという意味で火砕物と呼ぶ。マグマのしぶきやそれが固まったものも、火口の周りにもとからあった岩石も、噴火で砕かれて火口から噴出したものはいずれもテフラだ。

火山の噴火で空中に放出されたテフラの粒子は、その運動メカニズムから大きく二つに分けられる。一つは砲弾のように爆発の勢いで飛んでくる岩塊で、もう一つは舞い上がった噴煙から雨粒のように落下してくる細かな粒子だ。この区別は空中での粒子の飛び方の違いを表している。

テフラは粒子の大きさでも区分される。こぶし大よりも大きな、もう少し正確には64mmよりも大きなものを火山岩塊と呼び、それよりも小さな小石程度の大きさに砕かれたものを火山礫（れき）、さらに細かく2mm以下に砕かれた岩石やマグマの破片は火山灰と呼ばれる。火山灰の中には、1μm以下のごく細かな粒も含まれる。

図5　伊豆大島の1987年11月16日の爆発で飛び散った巨大な火山弾。火山弾の本体は着地の衝撃で砕けてばらばらになり、着地地点にはクレーターが作られた。

弾道岩塊

大きさで火山岩塊と火山礫を区別するのは、火山岩塊の大きさになると空気抵抗に打ち勝って噴火口から数100m以上遠くまで放物線を描いて飛べるからだ。爆発の勢いで加速されて空中に撃ち出され、その慣性力で大砲の弾のように飛行する岩塊を弾道岩塊と呼ぶ。

桜島の夜の爆発をとらえた写真⑤では、爆発で吹き飛ばされた赤熱岩塊の軌跡が放物線を描いている。これらは直径が数十cmから数mに達する火山岩塊で、その運動はまさに弾道岩塊である。

桜島の昭和火口の爆発で岩塊が飛ばされる距離は、せいぜい火口から2km程度だ。しかし、もっと激しい爆発では、火口から4km以上も岩塊が飛ばされることがある。2011年の霧島新燃岳の噴火で最も激しかった2月1日の爆発では、火口から4km以上も離れたところまで数トンもある岩塊が飛散した。桜島でも、1986年11月の爆発では数トンもある岩塊が火口から3km以上離れた海岸の集落にまで吹き飛ばされ、温泉ホテルを直撃した。

大砲の弾のように放物線を描いて飛んでくる大きな岩塊が地面に衝突する速度は、小さい粒子が降ってくる速度よりもずっと速い。噴火の強さにもよるが、岩塊が着地するときには秒速数十mから100mを超える速度で地面に衝突する。その質量も大きいので破壊力が大きく、きわめて危険だ。

このようにして飛んでくる岩塊が軟らかい地面に着地すると、図5のようにその衝撃で周りの土砂が吹き飛ばされたり地面がへこんだりして、大きな衝突クレーターができる。

火山弾

そのような、ある程度の大きさがあって特有の形状をもつ岩塊を火山弾と呼ぶ。

粘性の高い溶岩が吹き飛ばされると、爆発の衝撃で割れ目に沿って岩塊が分離して角張った形のブロックとして吹き飛ばされる。ブロックが着地後も内部が高温溶融状態だと、冷却するにつれてマグマに溶けている火山ガス成分がゆっくりと気泡となって膨らむ。しかし、火山弾の表面は急激に冷やされて固まっているので、その固まった皮を割って中身がぷくりと膨らむ。それはフランスパンのような硬い皮のパンに見られる割れ目とよく似ている。そのため、そのような火山弾をパン皮状火山弾と呼ぶ（写真㊷）。

爆発時に軟らかかった溶岩が引きちぎられながら飛ばされると、ひものように伸びた火山弾が作られる。多くの場合、溶岩のひもはねじれながら引きちぎられる。そのとき、ひもの細いところからちぎられるので、太いところは両側からねじり取られたような、サツマイモのような形になる。このような火山弾を紡錘（ぼうすい）状火山弾と呼ぶ（写真㊺）。

まだ溶けている軟らかい溶岩の塊が飛ばされると、着地の衝撃でつぶれて平べったい火山弾が残される。こうした火山弾は、その形がそれに似ていることから牛糞状火山弾とも呼ばれる（写真㊻）。牛糞状火山弾も紡錘状火山弾も、粘性が低い玄武岩によく見られる火山弾だ。

火山礫

火山岩塊より小さい火山礫や火山灰は、最初は大きな岩塊と同じように勢いよく空中に放り出されるが、空気の抵抗を受けてすぐに勢いが失われる。そうなると、空中に浮いている粒子は重力によって次第に加速しながら落下する。その落下運動も空気の抵抗を受けるので、最終的には空気の抵抗と重力による加速が釣り合った、ある一定の速度で落下する。これは雨粒や雹（ひょう）が降ってくるときと同じ原理だ。

落下速度が弾道岩塊に比べて遅いとはいえ、火山礫はピンポン玉から野球ボールほどもある岩石の塊だ。それが上空数km以上から落下するときの速度は、秒速数十mに達する。そのような“小石”でも、直撃すれば致命傷になる。

アグルチネート

まだ溶けている火山弾が次々と吹き飛ばされて積み上がると、火山弾同士が再び融合し、全体がひと続きの岩石となってしまう。こうした癒着した火山弾からなる岩石をアグルチネートと呼ぶ。日本語では適切な用語がなく、英語の単語そのままにアグルチネートと呼ばれる（写真㊾、㊿）。

アグルチネートには、個々の火山弾の外形が認識できる弱い癒着度のものも、それぞれの火山弾の外形がまったくわからなくなるほど強く癒着したものもある。溶融状態のまま癒着して全体が流れ出せば、火砕性溶岩となる。

火砕丘

火口の近くに噴出物が次々と積み重なると、周辺に盛り上がりができる。これを火砕丘と呼ぶ。火砕丘はその構成物によって分類され、軽石でできた軽石丘、スコリアでできたスコリア丘、火山灰などからできたタフコーンやタフリングなどがある。

写真㉘〜㉚のタフリングは、爆発の勢いでほぼ水平に吹き飛ばされた火山灰や岩塊が作る高まりだ。そのため、噴出物が比較的なだらかな高まりを作っている。それに比べて、写真㊽の阿蘇の米塚（こめづか）は、急な斜面で囲まれてい

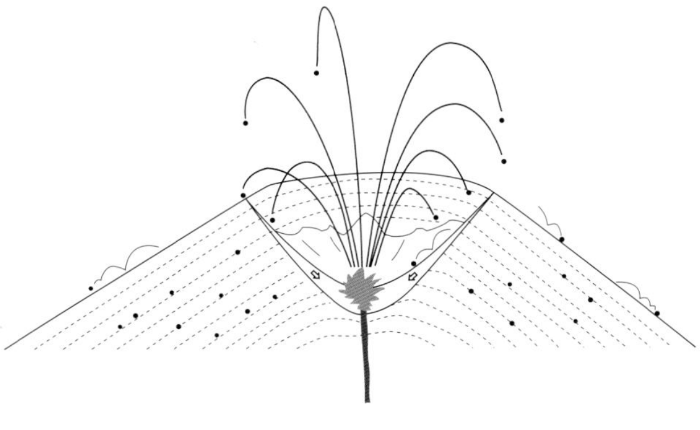

図６　スコリア丘の断面。継続的に噴火が起きると、初めにできた火口の周りに火山弾などの噴出物が積み重なって火砕丘が作られる。火口から外に飛ばされた火山弾は、斜面を転がり落ちながら堆積する。火口の中に落下した火山弾は、火口の底まで転がり落ちて、次の爆発で再び吹き飛ばされることを繰り返す。

る。

阿蘇の米塚は、穏やかな爆発によって飛ばされたスコリア塊が積み上がってできた典型的なスコリア丘だ。爆発で飛ばされたスコリア塊は、スコリア丘の斜面に着地する。スコリア塊は急な斜面にはとどまることができないので、斜面を転がり落ちてゆく。その繰り返しにより、スコリア丘の斜面は、スコリアの塊が転がり落ちずに安定して堆積できるぎりぎりの傾斜角度、すなわち安息角の斜面となる（図6）。米塚の斜面が裾野を引かず、一定の斜度で上から下まで伸びているのは、降り積もったスコリアの塊が転がり落ちる限界の角度である安息角となっているからだ。

米塚に限らず、大きく成長したスコリア丘の傾斜角はほぼ一定である。大室山（写真㉓）や西之島（写真㉒）の中央部にある火砕丘は、どれも米塚とよく似た傾斜をしているのがわかるだろう。このようなスコリア丘の内部を見てみると、斜面を転がり落ちながら堆積したスコリア塊の層構造がよくわかる（写真㊾）。

スコリア丘から溶岩が流出するときには、山頂火口ではなく山麓からのことが多い。なぜなら、発泡したスコリアがゆるく積もってできているスコリア丘は溶岩よりも密度が小さいので、溶岩はスコリア丘の底を伝って側方へ貫入し、山腹を突き破って流出する。伊豆大室山、西之島、阿蘇の米塚などのスコリア丘がその例である。山麓から大量の溶岩が流出するときには、スコリア丘の山体の一部を崩すことがあり馬蹄形のスコリア丘が残される。溶岩はスコリア丘の破片を載せたまま流れていく。このような破片はスコリアラフト（raft：いかだ）と呼ばれる。

図７　スコリア丘が崩壊したときに、スコリア丘を作る堆積物にできた断層。安息角ぎりぎりの角度で噴出物が急速に積み上がるスコリア丘は不安定な構造で、噴火中の地震や溶岩の流出などによってしばしば崩壊する（ドイツ・アイフェル火山地域）。

図８　スコリア丘と、その麓から流れ出した溶岩流（アメリカ・カリフォルニア州ラッセンピーク）。

第 6 章
テフラ

桜島昭和火口からのブルカノ式噴火　2013 年 7 月（鹿児島県）

㊹ ラーハーゼーの降下火山灰（ドイツ・アイフェル火山地域）

アイフェルはドイツ西部にある単成火山群。ラーハーゼーは直径 2.5km の火口湖で、1 万 2900 年前の大噴火では 6km^3 のマグマを噴出し、数日で終わった。写真はラーハーゼーから南東 5km にある露頭（高さ 5m）。白色軽石層の間に、細粒の褐色火山灰層が幾重にも挟まれる。褐色火山灰層は水分に富む泥雨として降ってきたものや、火山豆石として降ってきたもの。各層の厚さが一定なので、降下テフラであることがわかる。

㊺ 始良（あいら）カルデラの大隅（おおすみ）降下軽石（鹿児島県）

軽石は、かつて風呂場で足などをこするために使われたが、現在では身近に見かけなくなった。写真は３万年前の始良カルデラを作る噴火初期、プリニー式噴火でもたらされた大隅降下軽石。径が数 mm ～ 5cm の角張った軽石がびっしり詰まっている。灰色の岩片が点在し、細粒な火山灰はない。軽石は多孔質なので水に浮くため、かつては浮石と呼ばれた。大噴火では海一面が軽石で覆われ、船の運航が困難になる。

0 1 2 3 4 5 6 7 8 9 10

㊽ 姶良 Tn 火山灰（鹿児島県）

この火山灰は富士山のテフラに挟まれており「丹沢パミス」と呼ばれていた（146 ページ）が、のちに給源火山が姶良だと判明したので、姶良 Tn 火山灰（AT）と呼ばれるようになった。AT は入戸火砕流と同時に噴出し、細粒だったために空高く舞い上がり、ゆっくりと降下した火山灰と考えられている。写真は水洗した AT を 20 倍に拡大したもので、ほとんどがバブル状の火山ガラスの破片からなる。

57 富士山の宝永火口（静岡県）

1707年の宝永噴火は富士山最後の噴火で、南東斜面に宝永火口（2200〜2900m）ができた。宝永火口は下から第３火口、第２火口、第１火口と３つあり、重なり方からその順にできたことがわかる。第１火口縁にある黄褐色の部分は宝永山で、噴火によって持ち上げられた古い地層だ。第１火口の直径は1100mで、山頂火口（直径700m）よりも大きい。

㊽ 富士山――宝永噴火のスコリア（静岡県）

宝永火口から東 13km の露頭（高さ 1.2m）。宝永噴火は 12 月 16 日午前 10 時に始まった。噴火はいずれもテフラを高く噴き上げるプリニー式噴火で、最初は第 3 火口から軽石（Ho - I）を午後 4 時頃まで、次に第 2 火口からスコリア（Ho - II）を翌 17 日午前中まで、さらに 18 ～ 25 日には第 1 火口から断続的にスコリア（Ho - III）を、25 ～ 27 日にはやや粗粒→細粒なスコリア（Ho - IV）を噴出して終息した。

Ho - IV
Ho - III
Ho - II
Ho - I

㊾ エトナ火山のスコリア（イタリア）

エトナ山はシチリア島にある大型楯状火山で、ヨーロッパで最も活動的な火山の一つ。2013 年にエトナ山の南東クレーターから噴出し、雪の上に降り積もった火砕物を 10 倍に拡大した写真。多孔質で白っぽい火砕物は軽石と呼ばれるが、このように黒っぽい場合にはスコリアと呼ばれる。急冷したために周囲はガラス質（非結晶質）で光沢をもつが、割れて見える内部は多孔質だ。

㊿ 浅間山のテフラ露頭　（長野県）

浅間山の 1783 年天明噴火と 1108 年天仁噴火は、激しく軽石を噴き上げるプリニー式噴火として有名だ。峰の茶屋のそばにある火山観測所裏の露頭には、これらのテフラがよく保存されている。露頭の深さは約3m あり、最上部は現在の地表、その下の厚さ 1.3m の軽石が 1783 年の天明噴火の噴出物、その下には厚さ 30cm の黒色土壌がある。黒色土壌は数百年以上、大規模な噴火がなかったためにできた。その直下〜最下部は天仁噴火の堆積物だと考えられている。

㊶ 貞観(じょうがん)津波と十和田 a （宮城県）

仙台市の海岸から内陸に 1.5km、2011 年 3 月 11 日の津波が残した薄い砂層に覆われた水田跡を 50cm ほど掘ったのがこの露頭。厚さ 20cm の砂層の左上に断続的に見える肌色の層「十和田 a」が、十和田火山 915 年噴火のテフラである。砂層は「十和田 a」のすぐ下にあるので、869 年の貞観津波堆積物であることがわかる。貞観津波は、2011 年の津波と同規模の大津波だった。このように年代を特定するため役立つ地層は鍵層と呼ばれる。

㊷ 屏風ヶ浦と関東ローム（千葉県）

銚子から南西に続く海岸は、高さ 30 ～ 60m の海食崖が 10km も続き、屏風ヶ浦と呼ばれる。下部の灰色の地層（厚さ 30m）は 300 万～100 万年前に深さ数百 m の海底に堆積した地層で、巨大噴火がもたらした鍵層が多数含まれる。その上の褐色の地層は十数万年に海岸に堆積した砂層（厚さ 10m）。最上部、暗褐色のモコモコした地層は最近 10 万年間に堆積した関東ローム（厚さ 4m）。関東ロームは富士・箱根の火山灰で、六本木の工事現場では 10m の厚さがあった。

㊸ 更新世前期・後期の境界テフラ層 （千葉県）

養老渓谷には、海底 200 ～ 500m に堆積したシルト層「千葉セッション」が露出する。この中に松山–ブリュンヌ（M–B）地磁気逆転境界（77 万年前）があることがわかっていた。2008 年の IGU（万国地質会議）で第四紀更新世の前期・中期の境界は M–B 境界と決定されたが、国際標準模式地は未定だ。境界付近に目立つ火山灰層は、77 万年前に古御嶽山から噴出した白尾（びゃくび）火山灰だ。この火山灰層を更新世前期・中期の境界にしようというのが日本の提案である。早ければ 2017 年秋に日本・イタリアのどちらかに決まり、日本に決まれば中期の名称は「チバニアン」（千葉時代）となる。

解説

第6章
テフラ

爆発的な噴火では、細かく砕かれたマグマの破片が噴煙となって空高く立ち上り、やがて上空の風に流されながら落下してくる。大きな粒は火山のそばに落下するが、上空高く舞い上がった火山灰はなかなか落下せず、火山から遠く離れた風下にまで堆積する。巨大な噴火のときには、火山灰は全地球上に広がり、何年ものあいだ上空に漂い続ける。

テフラの形成

火山の爆発の原動力の一つは、マグマに含まれる火山ガスの圧力だ。マグマが地表に向かって上昇する間に圧力が低下し、それによってマグマに溶け込んでいたガスが泡になる。高い圧力がかかっている泡が破裂することによって、マグマが粉々に砕かれ、大量の細かい破片となる（図1）。作られたマグマの破片もお互いにぶつかり合って、さらに粉々に砕かれたマグマの破片が大量に作られる（写真㊻）。

立ち上る火山灰の噴煙

爆発的な噴火で作られたテフラ粒子はマグマから分離した火山ガスと一緒に大気中に噴出する。噴火口から直接大気中に噴出する場合もあるが、地上に沿って広がった火砕流から巻き上がる噴煙も大量のテフラを大気中に巻き上げる原因となる。こうして作られるテフラ粒子や火山ガスは高温なので、周りの空気を巻き込みながら上昇し始める（図2）。

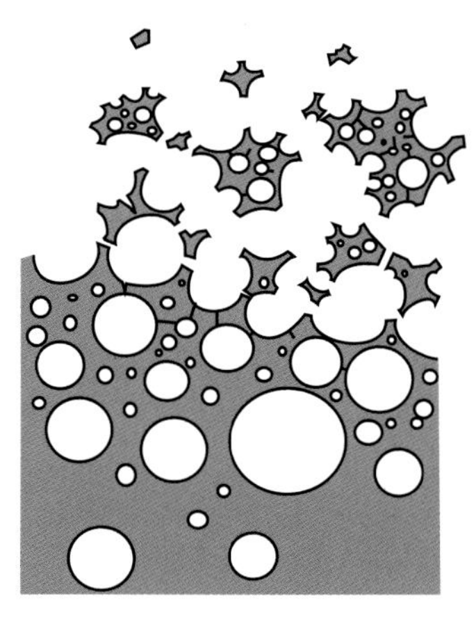

図1　マグマに含まれる気泡が膨張して破裂することによってマグマは破壊され、火砕物粒子が作られる。激しい爆発を起こすとマグマはガラスのように割れるので、角張った破片が作られる。

高温の噴煙に取り込まれた空気が温められて膨張すると、噴煙の密度が急激に低下する。また、噴煙に含まれる大きな粒子がどんどん落下することでも噴煙全体の密度が軽くなる。こうして密度が周りの空気よりも小さくなると、噴煙は浮力で上昇しはじめる。熱気球が上昇するのとまったく同じしくみだ。そして、上空の大気が薄くて密度が低い高さまで上昇すると、噴煙の上昇は止まる。

噴煙の高さは、噴煙がもつ熱エネルギーの大きさによって決まる。大きく激しい噴火ほど噴煙がもつ熱エネルギーが大きいので高く上昇する。比較的小規模な桜島の爆発の噴煙は、火口からの高さが3kmを超えることはそれほど多くない（第6章・扉写真）。一方、富士山で起きた最大級の噴火である宝永噴火では、噴煙の高さは上空20kmをはるかに超えたと考えられている。このような、軽石を激しく噴き上げ噴煙が成層圏に達するような大規模な火砕噴火を、プリニー式噴火と呼ぶ。

粒子のふるい分け

噴煙として空高く舞い上がったテフラ粒子は、やがて重力によって落下する。重力に引かれて落ちてくる粒子はまっすぐに落下してくるのだが、粒子の周りを包んでいる空気の流れ、つまり風に流されて粒子はしだいに風下に移動してゆく。上空には地上より強い風が吹いているので、大きな粒子ほど噴火口に近いところに落下し、細かい粒子は風に流されて火山から離れた場所に着地する（図3）。

こうしたしくみで、テフラ粒子が同じ高さから落下すると大きな粒子ほど早く着地し、細かい火山灰はなかなか落下せず風下に流されてゆく。このような空気によるふるい分けのため、火山から離れたある地点で見ると、

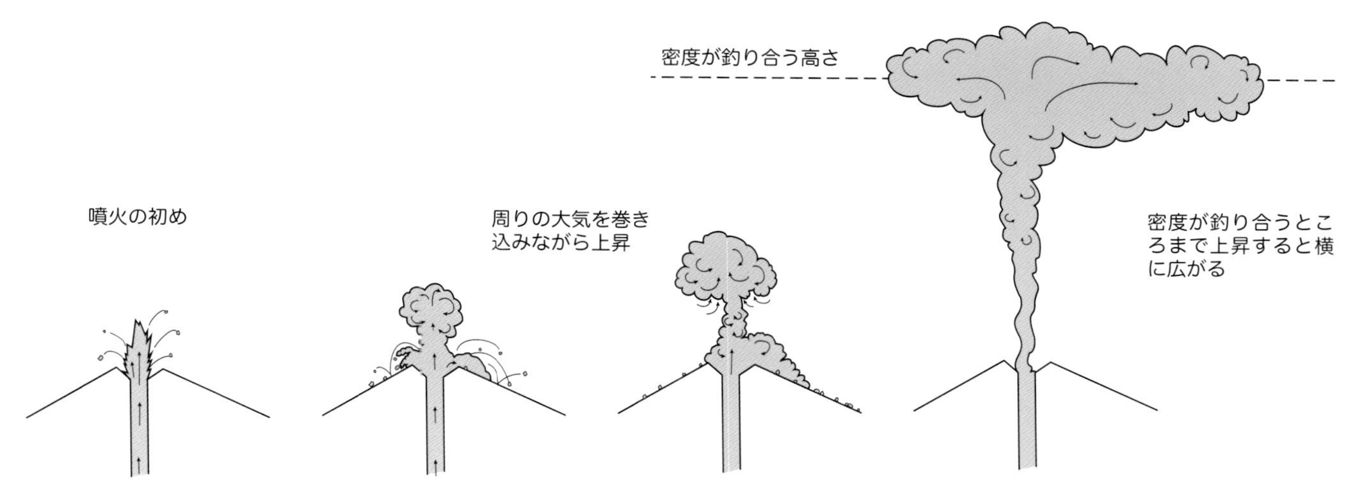

図２　噴火の初めには、爆発の勢いで火砕物と火山ガスの混合した噴煙が火口から噴き出す（左端）。火口から噴き出した噴煙は周りの大気にぶつかり混じり合う。高温の噴煙に巻き込まれた大気は膨張して密度が低くなるので、噴煙全体が上昇し始める。上空の高いところまで上昇すると大気の密度が小さくなるので、ある高さで噴煙と周りの大気の密度が釣り合う。噴煙はそれ以上は上昇できないので、横に広がり始める。

だいたい同じ大きさの粒子だけが落下している。写真㊺などに見られるように降下テフラの地層の粒がよく揃っているのは、噴火口から着地点まで空気中をテフラ粒子が移動する間に同じ速さで落ちてきた粒子だけが集められたからだ。

写真㊺をよく見ると、白い軽石の粒は黒い岩片の粒よりも大きいことがわかるだろう。これは、同じ大きさの粒子ならば、よく発泡して密度が小さい軽石より、密度が大きい緻密な岩片のほうが質量が大きいので速く落下するからだ。それから写真㊺の軽石層には細かな火山灰がほとんど見られないことにも気づくだろう。この軽石層を作った噴火でも細かい火山灰は大量に作られたに違いないが、すべて上空の風に流されて、もっと遠くに堆積している。

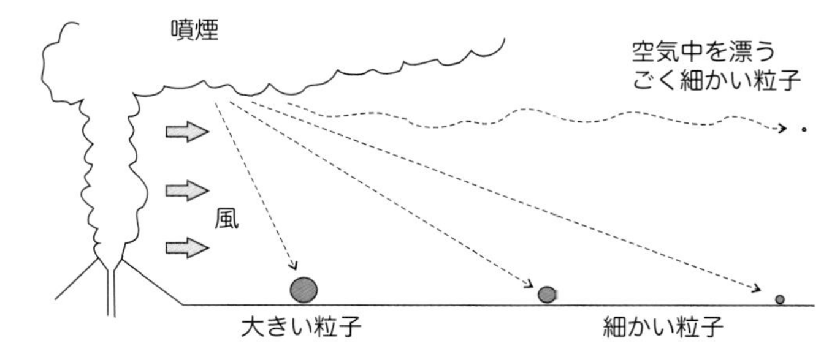

図３　噴煙から落下する粒子の分布。大きい粒子ほど速い速度で大気の中を落ちてくるので火山の近くに落下し、細かい粒子は風によって流されて火山から離れたところに落下する。ごく細かい粒子は、大気の中を漂い続ける。

火山灰のなかでもごく細かな粒子は、1000 分の 1mm よりも小さい。そのようなごく細かい粒子はきわめてゆっくりとしか空気中を落ちてこない。大きな噴火で噴煙が数十 km も高く上がるとこのような細かな粒子が大量に大気中に注入され、上空の強い風に流されて全世界に広がってゆく。成層圏に漂うごく細かな火山灰はときには噴火から何年ものあいだ上空を漂い続けることもある。

風向きと火山灰の分布

日本列島など中緯度の地域には、上空に偏西風と呼ばれる強い西風が吹いている。大きな噴火で高く吹き上がった噴煙はほとんどの場合、この偏西風に乗って火山の東側に降り注ぐ。そのため、大きな火山の東山麓には大量の降下テフラが堆積していることが多い。

小さい噴火の場合には噴煙はそれほど高く上がらない。低いところでは、私たちが日常感じているように、その時々の気圧配置によってさまざまな方向の風が吹く。噴火したときの風向きに応じて噴煙は文字通り風任せに漂い、そのときに風下だったところに火山灰が降り注ぐ。たとえば桜島の噴煙はふだんは火口から 2 ～ 3km 程度までしか上がらないことが多いので、低いところの風向きによってどこに降るかわからない。たとえば、春や夏には南風が吹き、冬場は北西の強い風が吹く。低気圧が近づいているときには東風が吹きやすいので、噴火すると桜島の西側にある鹿児島市街地は多量の降灰に襲われる。しかし、長い期間で見てみると、火山の周りにほぼまんべんなく火山灰が降ることがわかっている。

噴火の強弱とテフラ

噴火が続くと、噴煙の高さが噴火の勢いに応じて高くなったり低くなったりすることがある。そのようなことが起きると、ある地点で見ていると噴煙が高いときには大きな粒子が、噴煙が低くなると小さな粒子が落ちてくる。こうした噴煙の変化によって、写真㊹のように降下テフラの中にも粒子の大きさが違ういくつかの層が作られることがある。

もちろん、噴火の状態が一定でも火口からテフラ粒子を運ぶ風の状態が変われば、ある場所に降ってくるテフラ粒子の大きさも変わる。風が強ければ大きな粒子が風に運ばれて遠くにまで落下してくるし、風が弱ければ大きい粒子は火口の周りに落ちてしまうので、細かい粒子しか遠くには届かない。

このように、噴火の状態が変わることによっても、また風の条件が変わることでも、堆積物にはさまざまな縞模様が作られる。逆に、こうした一つ一つのテフラ層を調べることによって、噴火の状態や噴火中の風の状態を知ることができるのだ。

テフラ粒子の特徴

ところで、テフラと呼ばれる火山礫や火山灰とはどのような粒子なのだろうか？　テフラは、マグマや噴火口の周りの岩石が粉々に砕かれて作られるので、その粒は割れた面で囲まれた、ごつごつとした不定形の塊であることが多い。

よく発泡したマグマが砕けると、それぞれの破片は泡の壁が固まってできたガラスの薄い球殻のような形になる。巨大噴火で広範囲にまき散らされる火山灰は、このような細かなガラスのかけらでできている（写真㊻）。

粘性の低いマグマが溶けた状態で引きちぎられると、マグマのしぶきが作られる。マグマが溶けている液体の表面が、そのまま固まった形をしたテフラ粒子が作られることがある。写真㊾は、イタリア・エトナ火山の溶岩噴泉で作られた火山灰だ。それぞれがよく発泡した細か

図４　エルターレ火山溶岩湖の表面では、溶岩の泡が膨らんでは破裂することを繰り返し、糸状のペレーの毛が大量に生産される。

い軽石の粒でできている。よく見ると、空中に放り出されたマグマのしぶきがそのまま固まったような表面を残している粒子がたくさん含まれている。

玄武岩マグマが噴水のように噴き出す噴火では、マグマのしぶきが表面張力で丸くなったまま空中で固まり、丸いガラスの塊となる。そのようなガラスの粒をペレーの涙とよぶ。もっとマグマの粘性が低いと、マグマが引きちぎられるときに長く糸を引く。引き伸ばされた糸は空中で固まり、細いガラスの繊維となって飛び散る。こうした長い繊維状の火山ガラスをペレーの毛という（写真㊼）。ペレーとは、ハワイの現地語で火山の女神のことだ。細いペレーの毛は光を反射して金色に輝く。一見するとふわふわの金色の髪の毛のようだが実際はガラスの細くもろい繊維で、うっかり触ると折れて細かなガラスの針となり手に突き刺さる。ペレーの毛は粘性の低い玄武岩のマグマでよく見られるが、実際はさまざまなタイプのマグマの噴火で作られるらしい。

軽石とスコリア

水などの火山ガス成分がたくさん溶けていたマグマは、細かな泡を無数に含んでいる。そうした発泡したマグマが砕けて固まったものが軽石だ。普通の軽石は、安山岩や流紋岩といったケイ素が豊富で鉄が少ないマグマが発泡してできるので、白っぽい色をしていることが多い。玄武岩などの鉄が多く含まれるマグマが発泡すると、黒い軽石ができる。こういう軽石をスコリアとも呼ぶ。写真㊽は、富士山の1707年噴火の噴出物だ。噴火の初めには鉄分の少ないデイサイトと呼ばれる種類のマグマが噴出したので、白い軽石が噴出・堆積した。そのときの

軽石は写真の一番下に見える。その後すぐ、鉄分を多く含む玄武岩のマグマが噴出し始めた。そのため、白い軽石の上に黒いスコリアが厚く堆積した。このように、富士山では違う種類のマグマが噴出したため、白い軽石と黒いスコリアが作られた。

軽石の色

しかし軽石の色は成分だけでは決まらない。白い軽石でも、その冷え方が少しゆっくりだと中に無数の細かな結晶、ときとしてその大きさは電子顕微鏡でしか見えないようなごく細かい結晶が無数にできる。そうすると光が吸収され、同じ化学組成の軽石なのに真っ黒な見かけになることがよくある。写真㊵は、浅間山の噴出物だ。写真の上半分の白っぽい層は、1783年天明噴火の安山岩の軽石だ。噴火してから200年以上経っているので、風化して少し黄色くなっているがもともとは真っ白な軽石だった。その下の黒っぽい地層は、1108年の天仁噴火と呼ばれる一つ前の大噴火や、そのあとの小さな噴火の噴出物。これらも安山岩でできているが、こちらは黒っぽいスコリアだ。

鉄分などを多く含むガラスでもごく薄いと光を通すため明るい色になる。図5の軽石は、石鹸の泡のようによく発泡した玄武岩ガラスからできている。泡の壁を作るガラスは10分の1mmより薄い場所もあり、光を通すので全体が薄黄色に見える。陽の光が当たると、泡の内壁で反射した光が金色に輝いて見えるので、このような軽石をゴールデンパミスと呼ぶこともある。ペレーの毛もまたごく細いガラスでできているので、光を通して金色に輝いて見える。

また、岩石に含まれる鉄はその酸化状態によって色が変わって見える。空気中に高温状態で放り出された軽石の鉄分が空気中の酸素と結びついて酸化鉄になることで、テフラ粒子は真っ赤な色になることがある。鉄の量によっては淡いピンク色になることもある。

時間の目印としての火山灰

噴火で火山灰が大量に噴出すると、細かな火山灰が火山から離れたところまで大量にまき散らされる。噴火がそれほど大きくない場合には、降り積もった火山灰はやがて風や雨で流されて、また地面の土砂と混ざり合い、火山灰層としては残らない。

しかし、大噴火によって大量の火山灰が噴出・堆積すると、こうした遠くに降り積もった火山灰もちゃんとし

図5　レティキュライトと呼ばれる非常によく発泡した玄武岩の軽石。薄く引き伸ばされた気泡の壁が光を反射して金色に輝くのでゴールデンパミスとも呼ばれる。石鹸の泡のように軽いレティキュライトは、風に乗って遠くまでふわふわと飛んでゆく。ハワイのキラウエア火山。

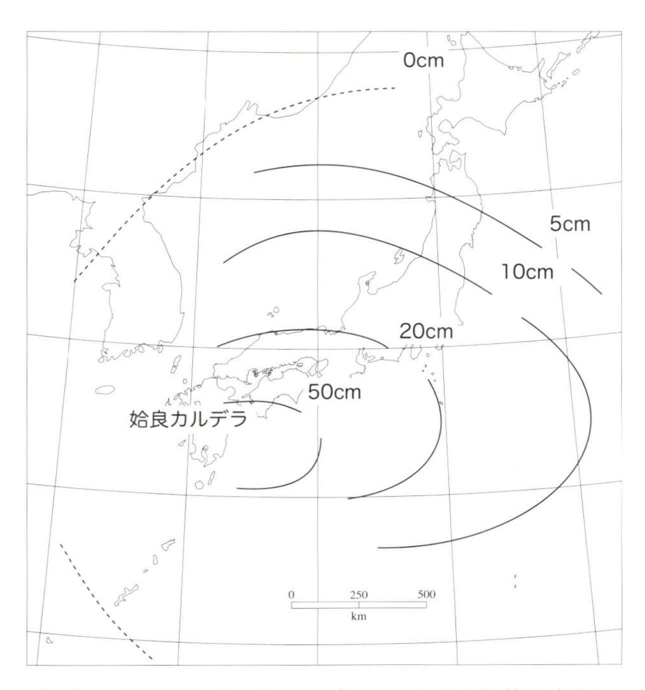

図6　鹿児島県の姶良カルデラから約3万年前に噴出したAT火山灰の分布。火山から1000km以上離れた関東地方や東北地方でも、数cmの火山灰層が残されている。

た地層として残されることがある。そのためには、火山灰が積もった直後にその上に別の地層、たとえば近くの火山の火山灰などが積み重なり、薄く乱されやすい火山灰層を包み込むことが必要だ。図７（上）は富士山の麓に見られる鹿児島の姶良カルデラから噴出した火山灰層で、そのころ活発に噴火していた富士山のテフラに覆われることで、厚さ数cmの薄い火山灰層がそのまま保存されたものだ。

長い地質時代のなかである瞬間に作られた地層は、時間の良い目印となる。こうした地層のことを、同じ時間を示す鍵となるので「鍵層」と呼ぶ。噴火によって作られる火山灰層は、普通の地層が作られる時間に比べてごくごく短い時間で作られる。そのため、大噴火で広い範囲に火山灰が積もって地層となると、良い鍵層となる。

たとえば仙台平野に積もった地層（写真㉛）には、915年に十和田湖で起こった大噴火の火山灰が数cmの薄い火山灰層として残っている。そのため、この火山灰の挟まっている位置が、西暦915年の地層であることがわかる。その下に見える分厚い砂の層は、仙台平野を襲った大津波の堆積物なのだが、915年の十和田火山の火山灰層のすぐ下にあることから、津波の起こった時代が9世紀ごろだということがわかる。

写真㊸は、千葉県の房総半島で見られる海底で堆積した地層だが、ここには九州など遠く離れた地域で起こった大噴火の火山灰が白い薄い層として挟まっている。この火山灰層を含む地層は、時代がよくわかることから、世界的な地質時代の区分の模式地として提案されている。

図７　（上）富士山麓で見られる、鹿児島県の姶良カルデラから噴出したAT火山灰。富士山のスコリア層の間に、白い細かなガラス質の火山灰層が挟まれている。（下）北海道東部の屈斜路カルデラのそばで見られる、約９万年前の阿蘇カルデラの巨大噴火で噴出して降り積もった、阿蘇４降下火山灰層。火山灰が降った直後にその上を屈斜路カルデラの火砕流が覆ったため、ほぼ完全に保存されている。

第７章

火砕流・山体崩壊

雲仙普賢岳の平成新山と火砕流堆積物　1994年10月（長崎県）

(64) アンデスの火砕流台地 （ボリビア）

チリ北部にあるサン・ペドロ・デ・アタカマの町を出発し、ボリビアのウユニ塩湖まで 400km を 4WD 車で移動したが、谷間に厚さ数百 m の火砕流堆積物がずっと続いているのには驚いた。ウユニ塩湖の北側にある火砕流台地は高さ約 200m。過去 1000 万年間に数十回の巨大噴火が起こって「プナ」や「アルチプラノ」と呼ばれる高原が作られた。噴出総量は 1 万 km^3 で、巨大噴火でよく知られているイエローストーン（第８章・扉写真）の約３倍に相当する。

㊺ ピナツボの火砕流堆積物（フィリピン）

1991年6月15日のピナツボ火山の大噴火では、山頂からプリニー式の噴煙が高度40kmまで上がり、そこから四方八方に火砕流が流れ下って最大走行距離16km、最大厚さ200mの堆積物を残した。火山灰と火砕流を合わせた噴出量は10km³、アラスカのカトマイ火山1912年の噴火に次ぐ20世紀で2番目の大噴火となった。写真は大噴火の2年後に撮影した火砕流堆積物で、河床からの高さは20m。奥に見える崖は歴史記録にはない火砕流堆積物で、同じような大噴火が過去にもあったことが推定される。

⑯ 大隅軽石・入戸(いと)火砕流 （鹿児島県）

約３万年前、鹿児島湾の奥で巨大噴火が起こり、姶良カルデラができた。そのときの噴出物がよく残っているのが大隅半島東の志布志の露頭だ。巨大な噴煙を噴き上げる噴火で始まり、大隅降下軽石を降り積もらせた。引き続いて大規模な入戸火砕流が発生し、周囲一帯を埋めつくした。人物の直上にあるのが大隅降下軽石（厚さ 5m）、その上に軽石が散在する層が入戸火砕流堆積物だ。大隅降下軽石は 100km^3、入戸火砕流堆積物は 200km^3、遠方まで達した細かく軽い火山灰（AT）は 150km^3 以上と推定される。

㊻ クレーターレークのピナクルズ（アメリカ・オレゴン州）

クレーターレークの景勝地ピナクルズでは、高さ20mの火砕流堆積物の尖塔が連なる。7700年前の大噴火を引き起こしたマグマ溜まりでは、数千年〜数万年の間に白く軽いマグマは上部に、黒く重いマグマは下部に分かれた。大噴火が始まるとまずマグマ溜まり上部のマグマが、その後、下部のマグマが噴出した。火砕流堆積物の下部が白く、上部が黒いのはこのような理由による。水蒸気やガスが通って硬くなった部分は、尖塔として取り残されている。

㊳ 由布川（ゆふがわ）峡谷　（大分県）

由布・鶴見連山に源に発して南に流れる由布川の中ほどにある由布川峡谷。全長は 12km におよび、深さ 60m の崖は弱溶結した由布川火砕流堆積物からなる。60 万年前に噴出した火砕流で、当初の体積は $200km^3$ と推定される。峡谷の一番狭いところでは幅 2m しかない。弱溶結の火砕流堆積物は浸食されて深い峡谷を作ることが多く、北海道の支笏湖岸にある樽前山の火砕流が浸食されてできた「苔の洞門」も同様の例である。

⑥⑨ 榛名山（はるなさん）の二ッ岳軽石　（群馬県）

二ッ岳付近では、6 世紀の前半と後半に 2 回の大規模な噴火が起こった。写真は東山腹の露頭で、下の黒褐色の部分は噴火前の土壌、上部は後半の噴火の降下軽石層、その間は前半の噴火のベースサージ堆積物だ。両者の間には土壌が見られる場所もあるので、数十年の時間間隙があることがわかる。山麓では前半の噴火のベースサージ堆積物の中に「甲を着た古墳人」と 3 人の人骨、馬の骨などが発見された。後半の噴火の厚い軽石層で覆われ、当時の生活の様子がよく保存されているため「日本のポンペイ」と呼ばれている（右下のスケールは 15cm）。

⑳ 箱根東京軽石 （神奈川県）

テフラにはいろいろな命名法があるが、［給源火山名］＋［分布地名］＋［火砕物の種類］を組み合わせることが多い。箱根東京軽石はその例で、略号は箱根（Hakone）、東京（Tokyo）、軽石（Pumice）から Hk-TP、火砕流（flow）の部分は Hk-T（fl）となる。箱根東京軽石の噴火は箱根火山の最大級で、6 万 5000 年前に起こった。写真は噴出源から北東 20km の地点で、下部 1m はプリニー式噴火の降下軽石（Hk-TP）、上部 4m は火砕流堆積物（Hk-T（fl））だ。この噴火で東京に降った軽石は厚さ 20cm。火砕流は横浜まで達した。

㉑ ラスカル火山の軽石流（チリ）

ラスカル火山（5592m）は 1993 年 4 月、有史以来で最大の噴火を起こし、高さ 23km まで噴煙が上昇、噴火活動は断続的に 32 時間も続いた。立ち上った噴煙柱から岩塊などは火口近くに落下し、細かな火山灰は上空の風に乗って遠くまで運ばれるが、残りは軽石主体の火砕流、軽石流となって流れ下った。写真はラスカル中腹の標高 4000m、火口から 6km 地点の軽石流の末端。厚さは約 1m で、数〜十数 cm の軽石ばかりからなる。20 年前の軽石流がこれほどよく保存されているのは、年降水量が数 10mm の極端な乾燥地のためである。

⑫ シャスタ火山の流れ山（アメリカ・カリフォルニア州）

シャスタ火山（4172m）は、アメリカ西部にある大型成層火山。シャスタ火山の手前に、無数の流れ山が散らばっている。約 30 万年前、シャスタ火山の山頂部が崩れて流れ下り、バラバラになった破片である。流れ山を作った崩壊物質を合計すると 45km³ で、桜島火山全体の体積に匹敵する。火山は成長を続けると、急峻な山頂部は不安定になるので、崩壊は大型成層火山の宿命ともいえる。日本の成層火山のうち約半数に流れ山があり、山体崩壊を経験している。富士山でもこのような巨大崩壊がいつ起きても不思議ではない。

⑬ 浅間山の流れ山 （長野県）

黒斑山は前掛山よりもやや西に位置する浅間火山の最も古い火山体で、標高 2900m の富士山型の成層火山だった。約２万４千年前に大規模な山体崩壊が起こり、発生した岩屑なだれは北東・南東・南西に流れ下った。写真は南西に流れ下った流れ山の断面で、露頭の高さは 4m。黒斑山のかつてのさまざまな山体構成物がたたみ込まれていることがわかる。中央にスケールのハンマー。

⑭ 雲仙普賢岳のラハール堆積物（長崎県）

ラハールに襲われて1階が埋められた住宅の向こうには噴煙を上げる雲仙普賢岳、右には1792年島原大変の山体崩壊を引き起こした眉山が見える。1990年11月に始まった雲仙普賢岳の噴火では火砕流噴火が繰り返され、山麓には大量の火砕流堆積物が残されるようになった。火砕流堆積物は大雨によってラハールとなり、下流域に大きな被害をもたらし、ときには海にまで達した。ラハールの発生は天気予報で予知できるので人的な被害はなかったが、家屋・道路・鉄道などに大きな被害を与えた。1994年10月撮影。

オオマチ

解説

第7章

火砕流・山体崩壊

火山噴火では粉々になったマグマの破片や火山体の一部が重力に従って山肌を流れ下る現象が見られる。高温の火砕流や大量の土砂が一気に崩壊する山体崩壊は、火山で発生する最も破壊的な現象の一つだ。

火砕流

大量のマグマが一度に地表に噴出すると、粉砕したマグマの破片とそこから放出された火山ガスの塊は、周辺の空気と十分に混じり合うことができない。そうなると、噴煙が大気の中を浮き上がって上空に立ち上る噴煙柱とならず、崩れ落ちて火口からあふれ出た噴煙は地表をはうように周辺に広がる。そのような火砕物と火山ガスの流れを火砕流と呼ぶ。

小さい火砕流は、地表に噴出した溶岩流が崩壊することでも発生する。日本で火砕流が広く知られるきっかけとなった雲仙普賢岳の 1991 ～ 95 年噴火のときにも、山頂でできた溶岩ドームが崩壊して、小さな火砕流が繰り返し発生した。

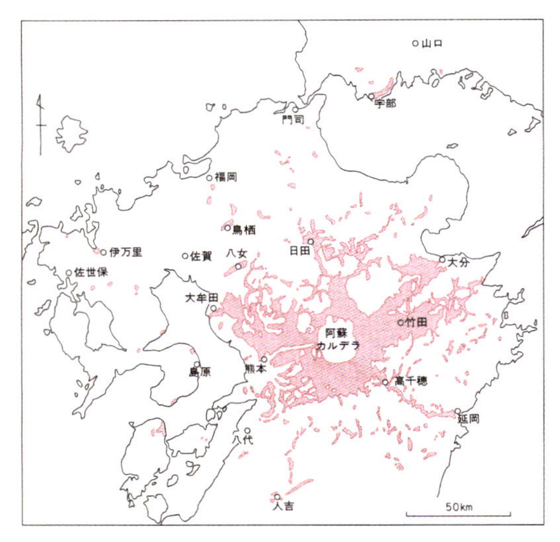

図1　阿蘇カルデラから約９万年前に噴出した、阿蘇４火砕流の分布。九州北部から中部に見られるほか、一部は瀬戸内海対岸の山口県にも見られる。

図２　火砕流堆積物に見られる、堆積時にガスが抜けてできたパイプ状の構造。火山ガスや取り込まれた空気によって火砕流が流動していた証拠である。雲仙普賢岳の 1993 年６月 24 日の火砕流堆積物。

巨大噴火と大規模火砕流

大規模な陥没カルデラを作るような噴火では、大規模火砕流が噴出しカルデラ周辺の広い範囲を覆う。

鹿児島県に広く分布するシラス台地はこうした火砕流の堆積物からできている。約３万年前に鹿児島湾奥の姶良カルデラから噴出した 200km³ を超える入戸火砕流は、鹿児島県の本土のほぼすべてを覆いつくした。その火砕流が残した堆積物が、シラス台地を作っている。写真㊻は姶良カルデラから 40km も離れた大隅半島東端の志布志海岸の火砕流堆積物だが、ここでもまだ厚さ 20m 以上の堆積物が見られる。阿蘇カルデラから噴出した阿蘇４火砕流はカルデラから 150km 以上も離れた山口県でも見出されている（図 1）。

しかし、世界的に見るとこれよりもはるかに巨大な火砕流噴火が知られている。インドネシア・スマトラ島のトバカルデラでは約７万 4000 年前に巨大噴火が発生し巨大火砕流が周辺を覆った。このときに噴出したマグマの量は 2800km³ にもおよぶと推定されている。

アメリカ・コロラド州にあるサンファン火山地帯のラ

図３　阿蘇カルデラの縁に残された、阿蘇４火砕流が選択的に落としていった岩塊からなる地層。こうした火砕流が大観峰。残していった角礫層は、ラグブレッチャと呼ばれる。

ガリータカルデラから約 2780 万年前に噴出したフィッシュキャニオン凝灰岩はこれまで知られている中では最も大規模な火砕流で、その総量は 5000km³ と見積もられている。これは、日本国内で知られている最も大規模な阿蘇４火砕流よりも一桁大きい。

火砕流堆積物

地表に噴出したマグマの破片は、含まれている火山ガス成分が発泡して軽石やスコリアとなる。火砕流が地表に残す堆積物はふつう軽石やスコリアとそれが砕けた火山灰の混合物だ。そのため、火砕流の堆積物はその中に含まれる粒子の特徴によって軽石流とかスコリア流という名前で呼ばれる。

火砕流堆積物は、堆積したときにはまだ数百℃の温度を保っていることが多い。火砕流が停止して堆積すると、粒子の間にあった火山ガスや空気などが堆積物から抜け出す。また、突然高温の堆積物に覆われた地表にあった水分も、火砕流堆積物を突き抜けて地表に逃げ出す。そうしてガスが抜け出したパイプ状の通路が、火砕流堆積物の中に残されていることがある（図２）。

火砕流は火山ガスと火砕物の混合流なので、流動しながら流れ下るときに中に含まれている重い岩塊などが選り分けられ、特定の場所に集中して堆積することがある（図３）。カルデラの縁などの地形が急に変わるところにはしばしばこうした重たい礫だけが取り残された特徴的な角礫層が作られることがあり、ラグブレッチャと呼ばれる。

溶結凝灰岩

火砕流堆積物は一度に数百 m の厚さに堆積することもある。そうなると、内部の火砕物はなかなか冷えることができない。発泡した火山ガラスである軽石は、そのような高温状態ではまだゆっくりと流動することができる。高温で軟らかい軽石は、分厚い火砕流堆積物の重みで押しつぶされ、軽石に入っている火山ガスの泡がつぶれて全体が平べったいガラスのレンズになってしまう。阿蘇火砕流堆積物に見られる黒い縞模様のような組織は、もともと軽石だったものがまだ熱い間に堆積物の重みで押しつぶされてできた黒曜石のレンズだ（図４上）。この露頭ではもともと丸かった軽石が、薄いレンズ状になるまでつぶれている。

軽石を取り囲んでいる細かな火山灰の粒も火山ガラス

図４　（上）豊後竹田市の阿蘇４火砕流堆積物。数百 m の厚さの火砕流堆積物は自重でつぶれ、含まれる軽石は黒曜石のレンズになった。（下）阿蘇３火砕流でできた高千穂峡の峡谷。柱状節理の発達した溶結凝灰岩に、垂直で深い谷が刻まれている。

表１　世界と日本の主な火砕流

火山名	噴出物名	場　所	時　代	噴出したマグマの推定体積
ラガリータカルデラ	フィッシュキャニオン凝灰岩	アメリカ・コロラド州	2780 万年前	5000 km^3
トバカルデラ	新期トバ凝灰岩	インドネシア・スマトラ島	7 万 3 千年前	2800 km^3
パカナカルデラ	アタナ凝灰岩	チリ	400 万年前	2800 km^3
イエローストーンカルデラ	ハックルベリーリッジ凝灰岩	アメリカ・ワイオミング州	210 万年前	2500 km^3
タウポカルデラ	ワカマル凝灰岩	ニュージーランド・北島	25 万年前	2000 km^3
チェロガランカルデラ	チェロガラン凝灰岩	アルゼンチン	220 万年前	1050 km^3
イエローストーンカルデラ	ラバクリーク凝灰岩	アメリカ・ワイオミング州	64 万年前	1000 km^3
タウポカルデラ	オルヌアイ凝灰岩	ニュージーランド・北島	2 万 5 千年前	530 km^3
阿蘇カルデラ	阿蘇 4 凝灰岩	九州・熊本	8 万 9 千年前	600 km^3
姶良カルデラ	入戸火砕流	九州・鹿児島	2 万 9 千年前	400 km^3

のかけらなので、これも堆積物の重みで押しつぶされ、癒着したまま固まってしまう。こうして、まだ高温で軟らかかった軽石や火山灰が押しつぶされ癒着することを溶結と呼び、できた岩石を溶結凝灰岩という。溶結の程度が強いと、もともとばらばらの軽石や火山灰だった火砕流堆積物は、まるで溶岩のようなかちかちの岩石になる。溶結凝灰岩は、高温の火砕流が一度に大量に堆積したことを示す地質学的な証拠だ。

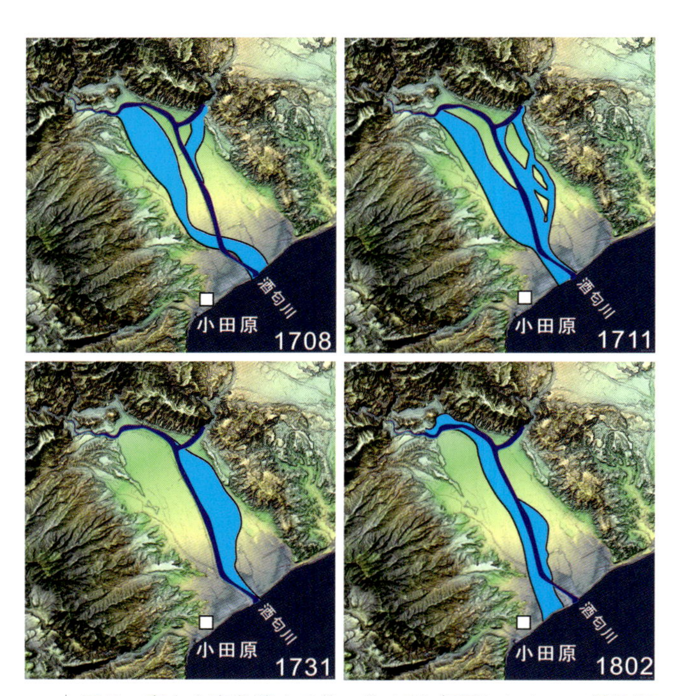

図５　富士山宝永噴火の後、約 100 年間にわたって繰り返し足柄平野を襲った大洪水の浸水範囲。大量の火山灰が堆積した丹沢山地から流れ出す酒匂川は、噴火の後、長いあいだ荒れ川となり下流の住民を苦しめた。

火砕流堆積物の侵食地形

堆積したときの温度が比較的低い、あるいは堆積物がそれほど厚くないときには、火砕流は溶結することができず、ばらばらの軽石と火山灰の堆積物となる。そのようなもろい堆積物は、雨が降るとたちまち侵食されてしまう。写真㊿のピナツボ山の火砕流堆積物も、噴火直後の雨で侵食され、深い谷が刻まれている。

軽石と火山灰でできた火砕流堆積物は、流水によって削られ独特の地形を作る。特に、固結した火砕流堆積物は崩れにくいため、切り立った崖で囲まれた深い谷が刻まれることが多い。写真68の由布川（ゆふがわ）渓谷の切り立った深い谷や、図４の高千穂峡の谷は、どちらも溶結凝灰岩が侵食されてできた谷だ。

ラハール

火砕流堆積物のようなばらばらの礫と火山灰からできている急な斜面は、ひとたび雨が降るとすぐに侵食される。特に、軽石のように軽い粒子が多く含まれている堆積物は、ちょっとした流水でたやすく削り取られてしまう。

削られた土砂は泥水となって流れ下る。泥混じりの水は普通の水より密度が大きいので、普通の流水では運べないような岩塊も浮力によって浮き上がり、倒木なども巻き込んだ土石流となる。土石流は火山に限らず発生するが、火山地域で火砕物を巻き込んで発生する土石流や泥流を、インドネシアの現地語を使ってラハールと呼ぶ。

ラハールは、噴火直後で大量の火砕物が不安定に堆積しているときに発生しやすい。特に、噴火によって火山体を覆っている森林が破壊されたり、また新しい火砕物が厚く積もると、地面の保水力が失われ少しの雨でも崩れて泥水とともに流れ出す。

噴火前にはほとんど水が流れていなかったような河川でも、噴火によって上流部に大量の火砕物が積もるとその状況が一変し、ラハールが発生するようになる。ときには、それまでの河川のルートを無視して川沿いではなかったところにラハールが流れ下ることもよく起こる。

ラハールは、火山から遠く離れた下流域まで流れ下るため、しばしば大きな災害を引き起こしてきた。雲仙普賢岳の 1991 ～ 95 年噴火のときには、山腹に堆積した火砕流堆積物が雨で削られて発生したラハールが山麓の集落に流れ込み、家や畑を埋めつくした（写真⑭）。

江戸時代に起こった富士山宝永噴火では、火山の風下にあたる丹沢山地に積もった火山灰がラハールを引き起こし、それが流れ込む足柄平野にたびたび洪水を引き起こしたことが記録に残っている（図 5）。こうしたラハールは宝永噴火から 100 年近く、下流の人々を苦しめた。

山体崩壊

マグマが地表に噴出し、火口の周りに積み重なることで火山は高く成長する。富士山のように、数万年で 3000m を超える巨大な山を作り上げてしまうこともある。このような火山体が成長する速度は、地殻変動によって地面が隆起して成長する山に比べて桁違いに速い。隆起によって高くなる“ふつう”の山は、高くなる途中でもろく崩れやすいところが侵食されてしまい、比較的安定しているところだけが高い山として残る。一方、急速に高くなった火山体は重力的に不安定だ。火山体は安定しているように見えるが、もろい溶岩や固まっていない火砕物が積み上がった、実はとても崩れやすい地質構造だ。そのため、ほとんどの火山は、その成長の途中で大崩壊を経験する。

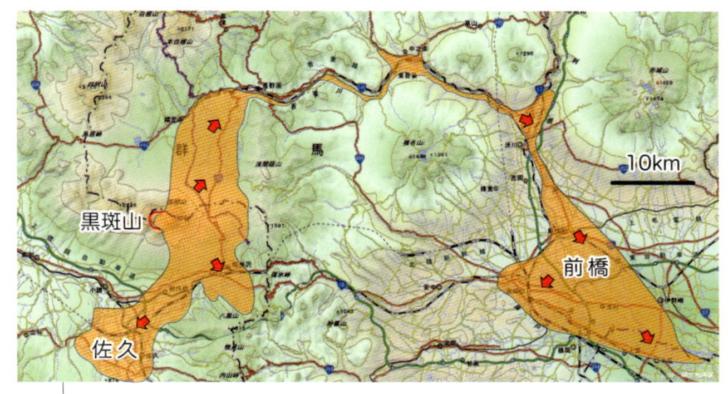

図 6　浅間山の古い火山体の一つである黒斑山は約２万４千年前に大崩壊し、発生した岩屑なだれは北東側の吾妻川と南西側の千曲川の谷に沿って流れ下った。吾妻川に沿って流れた岩屑なだれは関東平野にまで広がった。千曲川に沿ったものは、この地図に示した範囲よりもさらに下流まで到達しているらしい。

図 7　岩屑なだれの堆積物。（上）セントヘレンズ火山。崩壊により破断した山体の破片が大きなブロックとして含まれている。堆積物上面から突き出したブロックが流れ山地形を作る。（下）鳥海火山の山体崩壊堆積物。岩屑なだれ堆積物の断面。火山体を作っていたひとかたまりの溶岩がそのまま一つの流れ山になった。岩石や火砕物が、さまざまな大きさのブロックとなって堆積物に含まれている。

崩壊の引き金はさまざまだ。アメリカ・セントヘレンズ火山 1980 年噴火の山体崩壊は、上昇してきたマグマが火山体を押し上げ変形させた結果不安定になって崩壊したものだ。また、火山の中の熱水系が活発化し水蒸気噴火を起こしたために火山体が不安定になり崩壊した、磐梯山（ばんだいさん）1888 年噴火にともなう崩壊などの例がある。また、火山のすぐ近くで起きた地震によって急斜面が崩壊してしまった1984年御嶽山の崩壊は、火山活動とは直接関係なく火山体が崩壊した例だ。

崩壊の規模もさまざまだ。小規模な崩壊は大きい地震などで頻繁に起こる。2016年の熊本地震では阿蘇山の山腹で小さなものから数百m規模の崩壊まで、さまざまな規模の崩壊が発生した。大規模になると、火山体の大部分が崩壊してしまうこともある。1888年の磐梯山では、小磐梯と呼ばれていた峰が丸ごと崩壊した。おおむね0.5〜1.2km^3の火山体が崩壊したと考えられている。

大量の土砂が一気に崩壊すると、火山体が砕けたさまざまな大きさのブロックが雪崩のように流れ下る。こうした崩壊を岩屑なだれという。岩屑なだれでは、火山体のさまざまな大きさのブロックが含まれる混然とした地層ができる（写真73）。大きなブロックは堆積物の中から突き出して、でこぼこした丘を作る（写真72）。こうしてできた丘を流れ山と呼ぶ（図7）。

岩屑なだれはブロックの間や底にある細かい粒子の部分が流動するので、比較的小さな摩擦で滑ることができる。そのため、岩屑なだれは火山から遠く離れたところまで到達することがある。磐梯山の崩壊では山頂から10kmも離れたところまで届いている。さらに大規模な約2万4千年前に起こった浅間山の黒斑山の崩壊では、北側に流れ下った岩屑なだれは現在の前橋市まで70km以上も流れ下っている（図6）。

さらに、岩屑なだれの下流では地表の水を巻き込んで泥流となり、もっと下流にまで流れ下る。浅間山1783年天明噴火のときに、北山麓で発生した岩屑なだれが吾妻川に流れ込んだ。崩壊土砂は地表の水と混ざり合って泥流となり、沿岸の村々を破壊しながら吾妻川を流下し、利根川から江戸川を経て江戸まで流れてきたという記録がある。

岩屑なだれは、突然火山体が崩壊して大量の土砂が高速で流れ下り山麓の広い範囲を覆うため、その流域は壊滅的な被害を受ける。過去の火山災害のなかでも、桁外れに大きな災害となった例がたくさんある。繰り返し出てくる磐梯山1888年の岩屑なだれは、北麓を中心とした地域にあった11の集落を壊滅させ、477名の犠牲者を出した。1980年に崩壊したセントヘレンズ山では事前に崩壊が予測されていたが、やはり57名の犠牲者が出ている。

山体崩壊のもう一つの災害は、岩屑なだれが海や湖といった水域に突入して引き起こす大規模な津波だ。雲仙岳の1792年の噴火では、噴火の最中に眉山溶岩ドームが崩壊し、山麓の島原の城下町を飲み込んだ（写真⑱）。さらに、有明海に一気に流れ込んだ岩屑なだれが起こした津波が対岸の熊本側の沿岸の集落に襲いかかった。島原・熊本両岸での死者は1万5000名を超え、日本史上最悪の火山災害として知られている。

図8　ラハールによる堆積物。流路のさまざまな岩石を巻き込んだ雑多な角礫層が特徴だ。ラハールのなかでも比較的岩塊や砂礫が多く含まれる土石流による堆積物（上：ニュージーランド・ルアペフ火山）は、無層理の厚い堆積物が作られる。より水分の多い泥流による堆積物は、細かな層理が発達した砂礫層となる（下：アメリカ・セントヘレンズ火山）。

第8章

火山の恵み

イエローストーン国立公園の石灰テラス（アメリカ・ワイオミング州）

⑮ テルセイラ島の溶岩トンネル
（ポルトガル・アゾレス諸島）

アルガール・ド・カルヴァンはスコリア丘にある溶岩トンネル。このトンネルは火道に相当する部分で、穴は直径約 20m、深さ約 90m。観光客は側道を通って深さ 30m の位置（下部の人がいる場所）からこの溶岩トンネルに入る。階段を下りると、内部はいくつもの大きな部屋がつながっており、最下部には池がある。観光客は地底探検をしている気分を味わえる。

⑯ 万丈窟（マンジョンクツ）の溶岩トンネル（韓国・済州島）

済州島には約300個の単成火山があり、それらは火砕丘や小型盾状火山などの火山地形を作る。それにともない、50以上もの溶岩トンネルがある。最大の万丈窟は島の北東部にあり、平均幅15m、高さ10m。長さ8kmの中央部1kmが公開されている。照明も十分で床面にも手が加えられておらず、往復で約1時間、ゆっくりと歩きながら溶岩トンネルのでき方を観察できる。

㉗ 地熱発電が生んだ珪華（けいか）テラス　（アイスランド）

アイスランドは地熱大国で、全発電量の 27％を地熱が占める。ケプラビーク国際空港の近くにあるのが、スバルツエンギ地熱発電所。地下2000m から噴出した蒸気と熱水のうち、蒸気は発電機のタービンを回し、分離された熱水が排出されて写真のような景観を生み出す。テラスの白い物質は、熱水の温度低下によって沈殿したシリカだ。この地熱発電所から排出された熱水は、近くの温泉リゾート、ブルーラグーンでも利用されている。

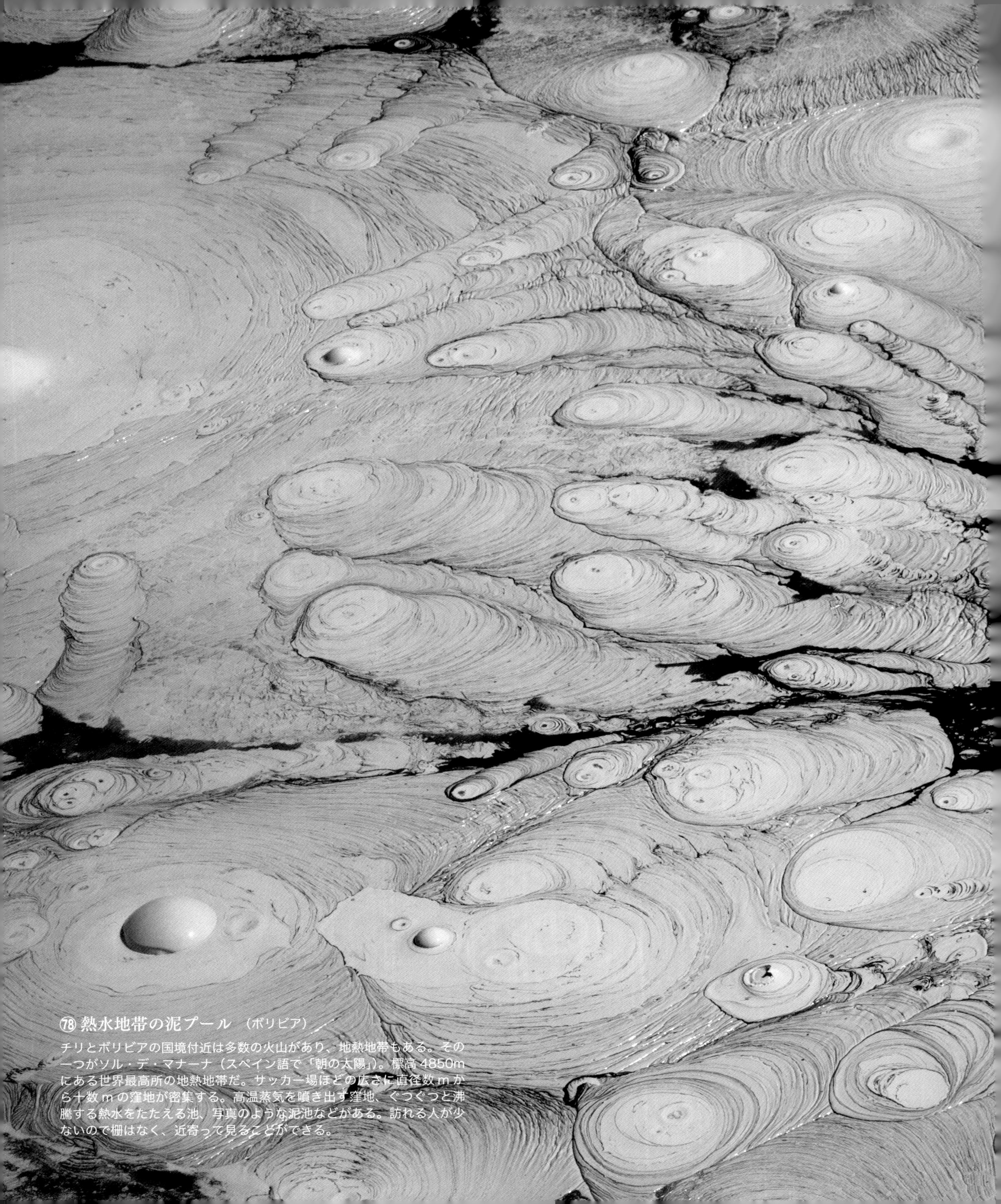

⑱ 熱水地帯の泥プール （ボリビア）

チリとボリビアの国境付近は多数の火山があり、地熱地帯もある。その一つがソル・デ・マナーナ（スペイン語で「朝の太陽」）。標高 4850m にある世界最高所の地熱地帯だ。サッカー場ほどの広さに直径数 m から十数 m の窪地が密集する。高温蒸気を噴き出す窪地、ぐつぐつと沸騰する熱水をたたえる池、写真のような泥池などがある。訪れる人が少ないので柵はなく、近寄って見ることができる。

⑲ イエローストーンの間欠泉 （アメリカ・ワイオミング州）

イエローストーン国立公園は1872年に設立された世界最初、アメリカ本土最大の国立公園（面積8983km²）。国立公園の土台は、210万年前のハックルベリーリッジ・タフ（2500km³）、130万年前のメサフォール・タフ（280km³）、64万年前のラバクリーク・タフ（1000km³）の噴火で作られた。現在でも地下には巨大なマグマ溜まりがある。火山活動によって作られた地熱地帯や温泉が見どころで、オールドフェイスフル間欠泉もその一つ。噴泉は高さ30～54m、平均70分間隔で数分間の噴出を繰り返す。

⑳ ゲイシールの間欠泉 （アイスランド）

ゲイシール間欠泉は首都レイキャビクの120km北西にあり、大ゲイシールとストロックルの2つの間欠泉からなる。大ゲイシールは英語geyserの語源にもなった間欠泉。かつては高さ70mもの熱水を噴き上げていたが、近年は高さ半分以下で1日に数回しか活動しなくなった。現在、活発なのは写真のストロックルで、平均5分間隔で高さ20～30mの熱水を噴き上げる。

81 薩摩硫黄島の変色海域　(鹿児島県)

薩摩硫黄島は7300年前に巨大噴火を起こした鬼界カルデラの北西縁に位置し、硫黄岳（566m。右写真）が活動を続ける。鹿児島港から村営三島丸で4時間、硫黄島港に入港すると海水が赤褐色に変色していることに驚く（左）。港の海底にあるチムニーから温泉水が湧き出し、水酸化鉄が生じていることが原因だ。チムニーの形成には鉄バクテリアが関与している。このような現象は原始海洋の深海底で起こっていたが、ここでは簡単に潜れる水深数mで見られ、九州大学の研究者がダイビングで調査を続けている。島西部の白濁海水（右）は、バクテリアによって温泉水からアルミニウム鉱物が生成されることによる。

〈世界の温泉〉

日本の温泉は至る所にあり、四季折々に楽しめる。地下深くから断層に沿って上昇してくる温泉もあるが、火山性の温泉は高温で溶解成分も豊富でくつろげる。火山がもたらした景観と温泉、これが日本人にとって最高の火山の恵みだろう。

 世界最高所——アンデス高地の温泉 （ボリビア）

コルパ湖岸の温泉は標高 4400m。チリのアタカマ塩原からボリビアのウユニ塩原に行くルートの途中にある。草木のない乾燥した高地を 4WD 車で走ること数時間、ロッジでの昼食後、5000m を超える火山を眺めながらの入浴となる。

解説

第８章

火山の恵み

火山噴火はときには自然の猛威として人間社会に襲いかかるが、その一方で火山が作り出すさまざまなものをわれわれ人間は利用している。地下資源や、地熱エネルギー資源、温泉のような観光資源など、有形無形の火山の恵みを受けている。

人々を惹きつける火山

日本で初めて作られた国立公園である雲仙や霧島をはじめとして、日本の国立公園の３分の２にあたる 21 の国立公園に活火山が含まれている。そのほかの国立公園でも、山陰海岸国立公園や吉野熊野国立公園など、より古い時代の火山岩が作り出す景観が特徴的な国立公園も数多い。世界を見ても、アメリカのイエローストーン国立公園やタンザニアのキリマンジャロ国立公園など、火山を中心とする自然公園は世界中にあり、火山の作り出す多様な景観に魅せられて多くの人々が訪れている。

特徴のある独立峰や、カルデラ湖やせき止め湖、あるいは噴気地帯の非日常的な風景など、火山は独特の自然景観を作り出す。また、火山の恩恵である温泉なども多くの人々を引き付ける。火山に密接に関係した温泉地は、有珠山の麓の洞爺(とうや)湖温泉や、由布岳・鶴見岳のそばの湯布院温泉・別府温泉など枚挙にいとまがない。

これらの温泉地を訪れる観光客の数は、たとえば草津温泉では年間 280 万人、別府温泉を抱える別府市全体では 800 万人を超える。火山の恵みを求めて多くの人々がそうした地域を訪れることで地域経済が活性化し、宿泊施設や観光施設における雇用などが生まれる。たとえばアメリカ北西部のワイオミング州の外れの「僻地」であるイエローストーンには、火山活動による多くの間欠泉や温泉、地熱地帯があり、そこに生息するさまざまな生き物の生態系を支えている。そうした火山活動やそれに関連する自然を楽しむため、イエローストーン国立公園（第８章・扉写真、写真㊾）には年間 400 万人以上の観光客が全世界から訪問する。そして、国立公園の周囲にあるいくつもの街が、火山に支えられた観光によって成り立っている。

もちろん、自然の中に多くの観光客が訪れることによる弊害も無視できない。世界の多くの観光地では、自然保護と観光の両立を図るために、入場者数の制限や立ち入りの規制などを行い、観光開発による環境への悪影響を最小限にとどめる工夫が行われている。

また、活火山には危険もつねに存在する。特徴のある独立峰となる火山は古くは信仰の対象であり、現在では多くの登山客が訪れる。誰もが憧れる富士登山などはその典型だ。しかし、活火山の登山には普通の山岳のもつ危険性に加えて、つねに突然の噴火という危険がともなう。2014 年９月の御嶽山の噴火は死者・行方不明者 63 名の戦後最大の噴火災害となった。巻き込まれた犠牲者はすべて登山を楽しみにきた人々であった。

阿蘇の観光の目玉の一つは、活発な火口である阿蘇中岳の火口見物であり、年間を通して多くの観光客が訪れる（写真㊵）。しかし、突然発生する爆発によって戦後だけでも複数回の死亡事故が発生している。また、つねに噴出している火山ガスによる死亡事故も起きている。

図１　雲仙は 1934 年に日本で初めて指定された国立公園の一つで、毎年 300 万人の観光客が訪れる。雲仙地獄として知られる噴気地帯は、そのなかでも大きな観光スポットだ。

図２　火山ガスから晶出した硫黄の結晶。火山ガスに含まれる硫黄などの成分が地下水に溶け込むことによって温泉水が作られる（ニュージーランドのロトルア火山）。

そのため、阿蘇山では火山や噴煙の状況を監視しながら、立ち入り規制を細かく運用することで火山噴火のリスクと観光の両立を探っている。

温泉

温泉とは、ある程度の温度があり、かつ一定濃度以上の水溶性の成分を含む湧水、または地下水をくみ上げたものだ。火山地帯など地下浅いところまで温度が高い状態が維持されているところでは、その熱で地下水が暖められて温泉として湧出している。草津白根山の麓の草津温泉など、古くから利用されている温泉の多くは、直近の火山を熱源とする温泉だ。わが国では、北海道から東北、関東地方から中部地方にかけての東日本、九州地方に、そのような火山に関係した温泉が分布している。

一方、西日本を中心として火山から遠く離れた地域にも規模の大きな温泉が知られ、古くから利用されている。たとえば神戸市の六甲山中の有馬温泉や、愛媛県の道後温泉などは、周辺に目立った火山がない温泉だ。これらの温泉は、地下深部から上昇してきた高温の地下水がそのもとになっていると考えられている。

温泉のメカニズム

火山地域の温泉のしくみは意外に複雑だ。地下にあるマグマから火山ガス成分を含んだ高温の火山性流体が分離し、ある深さから上昇してくる。これが浅いところにある地下水と混合することで地下水が暖められ、それが地表に湧き出して火山性の温泉となる。

マグマから分離した高温の火山ガスには塩素やフッ素、硫黄などが含まれており、それが水に溶けると塩酸やフッ酸、硫酸といった強い酸性の溶液となる。活火山のすぐそばにある草津温泉などは酸性の温泉として知られている。そうした温泉水にはマグマからもたらされた火山ガス成分が比較的多く含まれている。

このような高温で酸性の水が地下の岩石の間を浸透してゆくと、周辺の岩石との化学反応が起こり、岩石の成分の一部が温泉水に溶け出し温泉の成分が次第に変化する。温泉水に含まれる強い酸は岩石との反応によって中和され、酸性から次第に中性の温泉水に変わる。火山のごく近いところでは酸性の温泉が多く、火山から離れるにつれて中性の温泉や弱いアルカリ性の温泉が多くなるのは、地下を流れる温泉水がその流路の岩石と反応してその成分が次第に変わってくるからだ。流れている途中で周りの地下水と混合して成分が薄まることや、温泉水の温度が下がることによっても、温泉の性質が変化する。

また、温泉水から「湯の華」と呼ばれるような沈殿物が生じるのも化学反応の一種だ。温泉水に岩石から溶け出した成分が加わって反応したり温度が下がったりすることにより、温泉水から細かな鉱物の結晶ができる。これが湯の華だ。

こうした沈殿物ができて温泉水から取り除かれることによっても、温泉水の成分が変化する。写真(77)は、温泉水から沈殿した、主に二酸化ケイ素（シリカ）からできている珪華（けいか）と呼ばれる沈殿物だ。また、写真(81)で温泉水の湧き出した海水の色が変わっているのは、温泉水が海水と混じり冷やされることによって、温泉水に溶けていた成分が鉄分を含む細かな結晶となって析出し、濁って見えるからだ。

温泉の恵み

温泉は風呂として利用する以外にもさまざまな使われ方がある。最も大規模な温泉の熱利用は地熱発電だろう（図３）。地下の地熱流体を利用した地熱発電は、火山のエネルギー資源の直接的な利用方法だ。世界では、インドネシア、フィリピン、アメリカ、アイスランドなどの火山国で地熱発電は積極的に利用されている。

世界最大の地熱発電国はアメリカで、主に西海岸の火山地帯で開発が行われている。火山に恵まれたニュージーランドでは、電力供給の１割以上が地熱発電によって賄われている。地熱資源の開発は、地表環境への影響や温泉資源との共存といった問題はあるが、再生可能で安定的に供給できる自然エネルギーとしての利用価値はきわめて高い。そのため、世界的には地熱発電をより効率的に行うための技術開発が進められている。

温泉が作る資源

温泉が作る地下資源もまたその恵みだろう。地下の熱水から沈殿する鉱物には、しばしば人間の生活に欠かせないさまざまな資源が含まれている。金や銀といった金属資源も、地下での温泉水の複雑な化学反応によって特定の場所に濃集することで、人間が利用できる地下資源となる。

また、高温で酸性の温泉水にさらされている岩石からも人間に有用な地下資源が作られる。温泉水との反応により岩石の中の成分が溶け出してしまうが、そのときには岩石全体が溶けるのではなく、岩石に含まれる鉱物のうち温泉水に溶けやすい成分から反応する。逆に、温泉水に含まれる成分が岩石に取り込まれることもある。

たとえば、岩石に多く含まれる鉄は温泉水に含まれる硫黄と反応して黄鉄鉱（おうてっこう）と呼ばれる鉱物となる。火山岩を作っている主な鉱物である斜長石（しゃちょうせき）には、アルミニウムやカルシウム、ナトリウムといった元素が含まれているが、これらの元素も温泉水と反応して、一部は温泉水に溶け出し、一部は別の鉱物となって沈殿する。こうして温泉水と反応を続けた岩石は、もとの鉱物がほとんど壊されてしまい、温泉水との反応で新たにできた鉱物に置き換わる。

温泉水によって作られるこのような鉱物の代表が、カオリナイトなどの粘土鉱物だ。地熱地帯などで泥火山として噴出しているのもこうした温泉変質で岩石から作られた粘土だ（写真⑱）。温泉の化学反応によって地下の岩石が粘土化すると、地滑りなどが起きやすくなる。火山性温泉地域では、しばしばこうした温泉との反応で粘土化した地盤の地すべりによる災害が起きている。

一方で、こうした温泉作用によって作られた岩石も重要な資源として利用されている。たとえば石英や絹雲母（きぬうんも）、カオリナイトなど火山地域での温泉水と岩石との反応によって作られる岩石は陶石（とうせき）と呼ばれ、陶磁器の材料として利用されている。地質時代の温泉作用で作られた陶石

図３　ニュージーランドは世界で２番目に古くから地熱発電を行っており、その発電量は国内の電力需要の１割以上を支えている。写真は北島のタウポ火山地帯にあるワイラケイ地熱発電所。

として知られているのは、熊本県の天草地方で産する天草陶石。有田焼などの原料として江戸時代から使われているほか、電線の碍子（がいし）などのセラミック製品の原料としても利用されている。

このように、われわれ人間は火山が作り出す有形無形の恵みを利用して生きている。火山はときとして非情な災害をもたらすが、火山から受ける恩恵もまた計り知れない。火山をよく知り、火山の活動による災害をできる限り小さくしつつ、恩恵を最大に利用してゆくことが、火山との上手な付き合い方だろう。

さらに火山を理解するために

ハンス - ウルリッヒ・シュミンケ（隅田まり・西村裕一訳）『火山学』古今書院（2010）
豊富なカラー図版や写真を駆使して火山学の基礎を紹介する、視覚的にもすぐれた火山学の入門的な教科書。

吉田武義・西村太志・中村美千彦『火山学（現代地球科学入門シリーズ 7）』共立出版（2017）
火山地質学、マグマ学、火山物理学等の最新の知見を取り込んだ、火山学全体を網羅する教科書。

町田洋・新井房夫『新編　火山灰アトラス――日本列島とその周辺』東京大学出版会（2003）
日本で知られている広域火山灰の特徴や分布を網羅した資料集。専門家向け。

日本火山学会編『Q&A 火山噴火 127 の疑問――噴火の仕組みを理解し災害に備える』〈ブルーバックス〉講談社（2015）
一般の人からの火山に対する素朴な疑問に火山学者が答える形で、火山のさまざまな現象を解説している。

神沼克伊・小山悦郎『日本の火山を科学する――日本列島津々浦々、あなたの身近にある 108 の活火山とは？』〈サイエンス・アイ新書〉ソフトバンククリエイティブ（2011）
日本各地の活火山の活動やその観測方法（地震など）を、豊富な写真を用いて紹介する。写真のほとんどは小山氏が撮影したもの。

マウロ・ロッシ他（日本火山の会訳）『世界の火山百科図鑑』柊風舎（2008）
火山の基礎的解説と、それに続いて世界中の多くの火山の紹介がまとめられ、視覚的にもわかりやすい写真や図が豊富に使われている。

高橋正樹『日本の火山図鑑――110 すべての活火山の噴火と特徴がわかる』誠文堂新光社（2015）
日本にある活火山のほぼすべてを網羅した図鑑で、火山の全体像を概観するのに良い。噴火の写真も豊富に掲載されている。

須藤茂『世界の火山図鑑――写真からわかる火山の特徴と噴火・予知・防災・活用について』誠文堂新光社（2013）
地質調査所（現・地質調査センター）で 40 年間火山を研究した著者が、自ら撮影した写真によって日本と世界の火山や研究内容などを紹介した本。著者の飾らない人柄がよく出ている。

町田洋・白尾元理『写真でみる火山の自然史』東京大学出版会（1998）
日本と世界 11 カ所の火山地形や露頭からその活動を読み解く、やや専門家向けの解説書。

白尾元理『火山とクレーターを旅する――地球ウォッチング紀行』地人書館（2002）
世界の火山や隕石クレーターを訪れた紀行文。火山に行った気分を味わえる。本書で取り上げたオルドイニョ・レンガイ、ハワイ、ストロンボリ、伊豆大島、三宅島がどのように撮影されたかがわかる。

中村一明『火山とプレートテクトニクス』東京大学出版会（1989）
火山テクトニクスの第一人者だった著者の大学での講義を書き起こした、火山学の初学者には最適の入門書。

町田洋『火山灰は語る――火山と平野の自然史』蒼樹書房（1977）
名探偵がわずかな証拠から犯人を見つけるように、わずかな手がかりから「広域火山灰」を発見にするに至った著者の洞察力・行動力が鮮やかに描かれている。学問の面白さを教えてくれる名著。

中村一明『火山の話』岩波新書（1978）
伊豆大島やハワイ、アイスランドの研究を通して火山をどのように理解していくのかを紹介する、古典的な火山学入門書。

［ウェブサイト］

日本の火山（産業技術総合研究所地質調査総合センター）https://gbank.gsj.jp/volcano/
本サイトは日本の第四紀火山（最近 260 万年間に活動した火山）を網羅しており、噴火履歴、地質図、写真などを見ることができる。

図の出典

第 2 章　図 7（洪水玄武岩分布）
Self, S., Schmid, A., Mather, T.A., 2014. Emplacement characteristics, time scales, and volcanic gas release rates of continental flood basalt eruptions on Earth. The Geological Society of America Special Paper 505. の Fig.1 より

第 3 章　図 5（卓状火山）
Jones, J. G., 1968. Intraglacial volcanoes of the Laugarvatn region, south-west Iceland: I. Quart. J. Geol. Soc. London 124 : 197–211.

第 6 章　図 6（AT 火山灰分布）
Machida H. and Arai F., 1983. Extensive ash falls in and around the Sea of Japan from large late Quaternary eruptions. J. Volcanol. Geotherm. Res., 18, 151–164. より

第 7 章　図 1（阿蘇 4 分布）
小野晃司・渡辺一徳（1985）阿蘇火山地質図．通商産業省地質調査所．の第 1 図

第 7 章　図 5（富士酒匂川洪水分布）
井上公夫（2007）富士山宝永噴火（1707）後の長期間に及んだ土砂災害．富士火山，荒牧重雄・藤井敏嗣・中田節也・宮地直道編集，日本火山学会，427–439. の図 2

第 7 章　図 6（浅間崩壊泥流分布）
吉田英嗣・須貝俊彦（2006）24,000 年前の浅間火山大規模山体崩壊に由来する流れ山地形の特徴．地学雑誌，115，638–646. の図 1

謝辞

本書に掲載した写真の撮影には、次の方々に協力していただきました。

荒牧重雄、井村隆介、宇井忠英、大河憲二、清川昌一、小林哲夫、小山真人、Zilda França、隅田まり、田中明子、谷口宏充、土井宣夫、中田節也、林信太郎、早川由紀夫、Hans-Ulrich Schminke、平嶺浩人、町田洋、萬年一剛、宮縁育夫、守屋以智雄、吉田武義。

編集者の首藤閑人さんには、『地球全史——写真が語る46億年の奇跡』(岩波書店)、『地球全史の歩き方』(同)に続いて、今回もお世話になりました。企画から構成、デザインに至るまでユニークなアイデアを出していただきました。何回も集まって議論を重ね、一歩一歩、本書が形作られる作業は、私たちに本作りの醍醐味を味わわせてくれました。

最後に、誠文堂新光社の片岡克規さんには本書の出版の実現にあたり、多方面で援助していただきました。

以上の方々に深く感謝いたします。ありがとうございました。

白尾元理　下司信夫

おわりに

火山は見飽きない。

噴気孔から噴煙が激しく吹き上がる様子や、爆発で飛び散る真っ赤な火山弾、溶岩が流れ出すところを一度でも見た人ならば、誰でもそれを鮮明に覚えているものではないだろうか。火山学を学び始めた大学生のころに訪れたハワイのキラウエア火山で初めて目にした真っ赤な溶岩のかがやきは、20年近く経ったいまでもはっきりと覚えているくらいに強烈な思い出だ。

火山というのは、地球科学が対象とする現象のなかでも、とりわけビジュアルな情報に富んだ対象と思う。原始時代の想像図の背景によく描かれる、円錐形でてっぺんから煙を吐いている山が火山だということは、火山学を学ばなくても誰しも疑わないだろう。火山を学んだことがある人ならば、山の形を見ただけでその山が火山だと見抜くことができるのは、火山がその形成過程を反映した独特の地形をしているからにほかならない。

そのような火山が作り出す独特の造形、すなわち空から俯瞰した火山全体の形や、あるいは目の前で流れる溶岩が作り出す複雑な構造、また顕微鏡下に広がるミクロな世界で見た火山噴出物の組織のそれぞれは、地下からマグマが上昇し地表に噴出し、さらには地表や空中を運ばれて現在見ている場所に落ち着くまでの、すべての記録に他ならない。火山に独特のプロセスによって、火山独特の造形が作られ、そこにマグマの活動が記録される。それは物理学や化学で記述される素過程として、あるいはその累積としての地質学的な現象としての火山現象である。

そうした火山の造形に秘められた現象をあらゆる手法を駆使して読み出し地球におけるマグマのダイナミックな活動を理解する試みが行われている。それは火山学の最先端の営みであり、その積み重ねによって火山現象の描像が次第に明らかにされてきた。

そうした知識は、単に知的な好奇心を満足するためだけではなく、噴火の推移を予測することによって新たに発生する災害の予防にも活用されている。たとえば新しい噴火が始まったとき、われわれ火山学者がまずやることの一つは、上空から、あるいは少し離れたところから、まずどのようなことが現実に起こっていて、どのようなものができたのかを目で見ることである。高度な機材を駆使した観測が進んでも、人間の目によるビジュアルな観測の重要性は少なくなるどころか、ますます重要になっている。

もちろん、そのような最先端の火山学を理解しなくても火山の作り出すさまざまな現象からそのダイナミックな姿に触れることはできる。本書の写真は、そうした火山に見られる特徴的

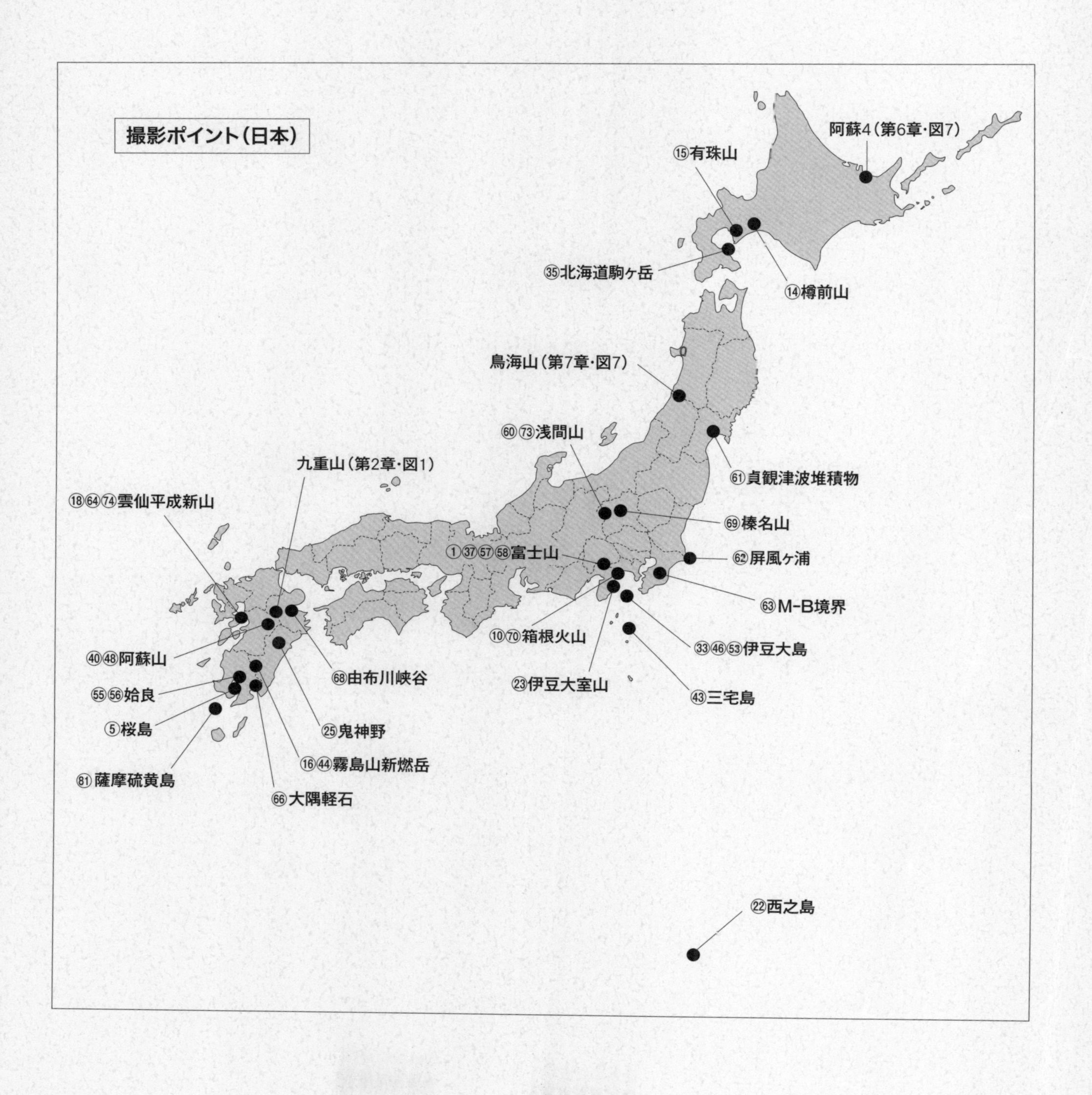
撮影ポイント(日本)
阿蘇4(第6章・図7)
⑮有珠山
㉟北海道駒ヶ岳
⑭樽前山
鳥海山(第7章・図7)
⑥⓪⑦③浅間山
⑥①貞観津波堆積物
九重山(第2章・図1)
⑱⑥④⑦④雲仙平成新山
⑥⑨榛名山
①③⑦⑤⑦⑤⑧富士山
⑥②屏風ヶ浦
⑥③M-B境界
⑩⑦⓪箱根火山
③③④⑥⑤③伊豆大島
④⓪④⑧阿蘇山
⑥⑧由布川峡谷
㉓伊豆大室山
⑤⑤⑤⑥始良
④③三宅島
⑤桜島
㉕鬼神野
⑯④④霧島山新燃岳
⑧①薩摩硫黄島
⑥⑥大隅軽石
㉒西之島

白尾元理（しらお・もとまろ）

写真家。1953年、東京都生まれ。東北大学理学部地学科卒業。東京大学理学系大学院修士課程修了。主に火山、地質、地形などの写真を撮影。主な著作に、『空からみる日本の火山』（共編・共著、1989年、丸善）、『空からみる世界の火山』（共編・共著、1995年、丸善）、『写真でみる火山の自然史』（共著、1998年、東京大学出版会）、『グラフィック日本列島の20億年』（2001年、岩波書店）、『火山とクレーターを旅する』（2002年、地人書館）、『月のきほん』（2006年、誠文堂新光社）、『月の地形ウォッチングガイド』（2009年、誠文堂新光社）、『The Kaguya Lunar Atlas』（共著、2011年、Springer）、『地球全史　写真が語る46億年の奇跡』（2012年、岩波書店）、『地球全史の歩き方』（2013年、岩波書店）。

下司信夫（げし・のぶお）

火山地質学者。1971年、茨城県生まれ。東京大学大学院理学系研究科地球惑星科学専攻修了。博士（理学）。現在、国立研究開発法人産業技術総合研究所　活断層・火山研究部門研究グループ長。
地下でのマグマの活動や、噴火のメカニズムの研究を続けている。国内外で噴火が発生したときにはその調査も行ってきた。これまで研究した主な火山は、三宅島、桜島、口永良部島、阿蘇山、エトナ山（イタリア）、ストロンボリ山（イタリア）など。

編集協力／カバー・本文デザイン　閑人堂

火山全景（かざんぜんけい）——写真でめぐる世界の火山地形と噴出物

2017年8月14日　発行

著　者　白尾元理（しらおもとまろ）　下司信夫（げしのぶお）
発行者　小川雄一
発行所　株式会社 誠文堂新光社
〒113-0033　東京都文京区本郷3-3-11
（編集）電話 03-5805-7761
（販売）電話 03-5800-5780
http://www.seibundo-shinkosha.net/
印刷・製本　大日本印刷 株式会社

NDC450

Printed in Japan
検印省略

ISBN978-4-416-61739-7

な造形を世界中の有名無名な火山から選び抜いたものだ。火山を専門にしている者でも“こんな火山、見たことない”と思うような造形だ。もちろん、ただ奇抜な景観や美しい造形を眺めて満足することが本書の目的ではない。ビジュアルに見ることができる火山の造形の奥にどのようなメカニズムを読み取ることできるかを解き明かしたい、それが私たちの狙いだ。

本書はいわゆる教科書ではないので、火山学の体系的な知識を網羅することは目的としていない。それよりも、写真に映し出された火山の景観や造形を見て、そこから読み取れるダイナミックで多様な火山活動を想像できることを目指したい。百聞は一見に如かずというように、一枚の火山写真は実に雄弁に火山の活動を語っている。写真家の白尾さんが30余年の時間をかけ、世界中の火山から撮り集めたとっておきの写真に映し出されたさまざまな火山の姿を隅々まで自由に眺めて、そこに見られるものがどのような地球の営みでできたのかを自由に思い描いていただきたい。

もちろん、一見しただけでは読み取れない情報も風景の中には詰まっている。火山の造形といっても、単に眺めるだけではそれは美しい山岳風景であったり、珍しい形の岩場でしかない。そうした普通の風景から火山の息吹を読み取るには、ちょっとした予備知識や手掛かりが必要だ。各章に付けている解説は、写真を堪能するための手掛かりやヒントのようなものだ。

そうしたちょっとした予備知識をもって、もう一度火山のさまざまな造形、上空から見た山の形といった大きなスケールから顕微鏡でしか見えないミクロな世界までの森羅万象を眺めてみてほしい。そうすると、それぞれの景観や造形の持つ意味が次第に見えてくるかもしれない。もっとも、そうして見れば見るほど、新たな疑問もまた湧き上がってくる。

火山はやはり見飽きない。

下司信夫